U0203547

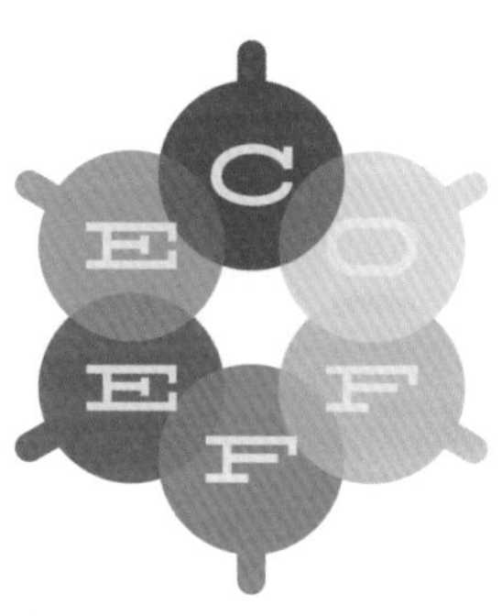
C
O
F
F
E
E

It's
Coffee
Time

Coffee

最好的咖啡时光

最全面的咖啡品鉴小百科

（韩）河宝淑　赵美罗　著
千太阳　译

河南科学技术出版社
·郑州·

前言

调制出一杯香浓可口的咖啡并非想象中那么难的事情。即使没有接受过专业的培训，只要懂得如何选择优质的咖啡豆以及每个提取过程的核心内容，自己在家也能调制出咖啡师级别的美味咖啡！

Intro

几年前，许多买咖啡的人还并不是为了感受咖啡的那一份香醇。为了寻找惬意的氛围来到咖啡馆的人，享受咖啡馆的这份安逸，才会花钱买一杯咖啡。也就是说，咖啡本身的口感对他们来说并不是最重要的，而是咖啡馆里的氛围更重要一些。现在，国外的某个咖啡专营店却被人们亲切地叫作“星吧”，这也意味着咖啡的文化已被人们所熟知并接受。而且韩国已经出现了很多“咖啡匠人”，他们可以制作出与众不同的高品质的咖啡饮品，于是咖啡文化在人们的生活中进入了一个新的阶段。在韩国，咖啡店不仅在时尚街区随处可见，小区蜿蜒的小道，甚至十分幽静的街区也能找到手工咖啡店。现在渐渐地出现了很多专门培养咖啡师的教育机构，而人们对咖啡的要求也变得非常苛刻，要求咖啡的味道必须符合自己的需求。

调制出一杯香浓可口的咖啡并非想象中那么难的事情。即使没有接受过专业的培训，只要懂得如何选择优质的咖啡豆以及每个提取过程的核心内容，自己在家也能调制出咖啡师级别的美味咖啡！

就像享受难得的午后时光一样，享受这本书吧！

第一，如何选择优质的咖啡豆

咖啡树到底长什么样呢？咖啡的原材料 —— 咖啡豆是经过什么样的过程形成的呢？我们看到的咖啡豆并非从咖啡树上摘下来的咖啡果实原形，而是经过了去掉“果肉”

和清洁的过程后才变成咖啡豆的。如果想购买优质咖啡豆的话，就必须了解咖啡豆的产地、特性、清洁过程，优质咖啡豆需要具备的条件等基础知识。这是了解咖啡的基础常识。（p.12）

第二，咖啡的口感取决于咖啡豆的加工技术

来自世界各国的咖啡豆，经过烘焙过程之后才能变成具有独特香气与口感的咖啡豆。把咖啡豆磨成粉状后，才能变成我们日常生活中经常喝的咖啡饮品。从现在开始，就让我们一起学习一下烘焙咖啡豆的八个阶段、不同咖啡机对咖啡豆的大小有何要求以及如何调制出适合我们口感的咖啡吧。（p.34）

第三，调制咖啡的五种方法

首先我们要准备优质的咖啡豆。根据不同的提取条件调制出来的咖啡具有完全不同的口感，我们会学习五种不同的调制咖啡的方法，以及这五种调制方法与不同口感之间的关联性，然后大家就可以调制出适合自己口感的咖啡了。

咖啡制作过程非常简单，运用不同的方法可以制作出变化微妙的手工调制咖啡。法国咖啡机可以调制出口味浓郁香醇的咖啡，滤网过滤可以调制出口感嫩滑的咖啡，虹吸壶像科学实验一样可以享受其独特的制作过程，摩卡咖啡壶可以调制出意式咖啡……让我们来一一用这些工具一起实践吧！（p.54）

第四，咖啡的挚友——水、砂糖、奶脂和牛奶的世界

一杯咖啡中 99% 的物质是水，所以可以说是不同的水质决定了咖啡的口感。如果想调制出符合自己要求的咖啡，就需要选择合适类型的水。

谈论到咖啡的口感，砂糖、奶脂和牛奶也非常重要。因为砂糖可以使咖啡喝起来更香醇，而奶脂和牛奶可以使咖啡喝起来更柔滑。本书会给读者介绍市面上可以买到的不同类型的砂糖、奶脂和牛奶，让读者通过了解各色各样的奶脂与牛奶的优缺点，组合出最适合的搭配。当我们了解到更优质的调味品时，我们就可以看到更为广阔的咖啡世界。（p.78）

第五，适合自己的咖啡工具与咖啡杯是什么样呢

一杯完美的咖啡不仅需要口感极佳的咖啡，咖啡杯也很重要。因为咖啡杯不仅体现了整杯咖啡的美感，更能营造氛围。本书可以为初次接触咖啡的新手们解答有关咖啡杯的各种疑问，并成为选择咖啡杯时的向导。再给大家介绍从研磨咖啡豆开始一直到提取咖啡并装入精美的咖啡杯的所有过程，以及这个过程会用到的所有工具，让大家了解咖啡豆研磨机、咖啡罐、过滤器、咖啡杯、咖啡机、意式咖啡机以及咖啡壶等各种工具的性能，此外还能欣赏到现在市面上销售的精致器具。（p.94）

第六，享受种类繁多的咖啡饮品

根据不同的氛围与不同的口味爱好，我们能够享受到更多样、更独特的咖啡饮品，它们展现出咖啡世界独有的魅力。通过书中介绍的详细调制过程，我们能调制出在炎热的夏天也能沁人心脾的冰咖啡、像一杯白开水一样的淡淡的荷兰咖啡、像撒了一层黄金粉末一样的意式咖啡以及运用牛奶沫设计出艺术感的艺术咖啡等。（p.118）

第七，让人着迷的咖啡历史与文化，以及生动的图片

我在喝的这杯咖啡，它具有怎样的历史呢？咖啡给人们的文化生活带来了怎样的变化？了

解有关咖啡的历史和文化后，你会对咖啡更加爱不释手。通过到咖啡豆原产地的旅行，我们能探索更多不同种类的咖啡所具有的特性与魅力。而知晓隐藏在咖啡中的趣事与相关信息，也是享受咖啡时不可或缺的内容。

浓浓的咖啡香，以及喝完咖啡后给人带来的提神作用，使得咖啡在生活中变得越来越重要，还可以感受到咖啡艺术带来的快乐。（p.154）

第一章　自制咖啡的生活

第二章　咖啡与文化

咖啡的历史

咖啡产地之旅

有趣的咖啡常识

Homemade
Coffee
Life

第一章

自制咖啡的生活

咖啡豆

我们日常生活中喝的咖啡是分离咖啡的果实后，经过烘焙过程提取溶于水的成分而形成的。咖啡树结的果实很像红色的樱桃，所以人们把咖啡果实叫作“咖啡樱桃”或“黑莓”。首先要将从农场中采收的咖啡樱桃经过一系列的制作过程，去掉外皮、果肉、内果皮及银皮。经过这一系列制作过程，咖啡樱桃就变成了咖啡豆，进而出售到世界各地。咖啡树是生长于亚热带地区的灌木，是多年生双子叶植物。一杯咖啡包含了非常多的制造过程，最终才成为我们手中香浓的咖啡。咖啡豆从播种开始到采收需要长达 3 年的时间。当咖啡树开花结果后，阿拉比卡种需要 6~9 个月才能完全成熟，而罗布斯塔种则需要 9~11 个月。果实常在成熟后的第 10~14 天采收。

Coffee Beans

1. 咖啡的诞生

一杯咖啡的来源

我们日常生活中喝的咖啡是分离咖啡的果实后，经过烘焙过程提取溶于水的成分而形成的。咖啡树结的果实很像红色的樱桃，所以人们把咖啡果实叫作“咖啡樱桃”或“黑莓”。

首先要将从农场中采收的咖啡樱桃经过一系列的制作过程，去掉外皮、果肉、内果皮及银皮。经过这一系列制作过程，咖啡樱桃就变成了咖啡豆，进而出售到世界各地。

咖啡树是生长于亚热带地区的灌木，是多年生双子叶植物。一杯咖啡包含了非常多的制造过程，最终才成为我们手中香浓的咖啡。咖啡豆从播种开始到采收需要长达 3 年的时间。当咖啡树开花结果后，阿拉比卡种需要 6~9 个月才能完全成熟，而罗布斯塔种则需要 9~11 个月。果实常在成熟后的第 10~14 天采收。

很多人以为咖啡树是在炙热的太阳下生长的，实际上咖啡树生长的气候环境是非常干爽的。只要能够满足咖啡树生长所需要的降水量和平均气温就可以，一般在山的斜面或高原等舒爽的地带较常见。北纬 25° 至南纬 25° 之间的地带被人们称作“咖啡腰带”。目前栽植咖啡的国家有 60 多个，咖啡的产地、品种和制作方法不同，其口感也会出现很大的不同。

“咖啡腰带”

位置 以赤道为中心，南纬 25° 到北纬 25° 之间的热带、亚热带地区，海拔是 200~1800m。

气温 5℃以上 30℃以下。

降水量 年降水量在 1300mm 以上，雨季与干燥期明显的地带。

阿拉比卡种咖啡需要一年降水量 1400~2000mm。

罗布斯塔种咖啡需要一年降水量 2000~2500mm。

湿度 阿拉比卡种咖啡是 60%，罗布斯塔种咖啡是 70%~75%。

土壤 肥沃的同时排水性比较好的土壤（火山灰土壤）。

越是高山地带，生产出来的咖啡豆越好。那里不会下霜；日夜温差越大，咖啡树开花结果的时间会越长，这样咖啡豆密度也会越高，咖啡的香味与口感更佳。

2. 结出咖啡豆的咖啡树

1. 苗木 Seedling

播种后 40~50 天发芽

将咖啡种子播种到苗床，过 40~50 天后就会看到长出来的小苗。子叶中会长出对生的叶子，再过 6 个月左右会长出三四对叶子。

2. 树木 Tree

3 年后结果

长成大树的苗木将移栽到农场中，过 3 年左右的时间将结果。4 年后产量将逐渐增加，养护得好的树木可以生长 20~30 年。

3. 开花 Flower

散发出茉莉花香的白色花朵

经过 3~4 年，咖啡树就会开出白色的花朵。花很小，散发出淡淡的茉莉花香，是这种花的特点。不过花开后 2~3 天就会凋谢。开花期时整个农场就像下了一场大雪般整片都是纯白色，充满了茉莉花香。阿拉比卡种一年会开两次花，所以一年会有两次收成。罗布斯塔种经常开花，所以会有很多次收成。

4. 果实 Fruit

长得像樱桃的咖啡果实

花谢后会长出绿色的咖啡果实，过6~8个月，果实开始变大，颜色也会从绿色转变成红色。因为果实颜色和形状都酷似樱桃，所以被人们称作“咖啡樱桃”。

5. 采收 Harvest

亲手摘每一粒果实

咖啡树可以连续采收12~15年，不同的地区、国家采收方法也不同。方法包括亲手摘每一粒果实(handpicking)和撸树干采收(stripping)。虽然也会有利用机器收获的时候，但是在山地一般都是手工摘果。

6. 清洁 Refine

四种主要的清洁方法

清洁有干燥法、半干燥法、水洗法、半水洗法等四种方法。干燥法可以分为自然干燥法和机器干燥法。

7. 手工筛选 Handpick

咖啡豆根据不同的大小和形态分等级

通过颗粒分选机筛选出有缺陷的咖啡豆之后，再按照大小、形态和重量的不同分等级，然后再通过人工筛选的方式进一步分类。

8. 杯试验 Cup Test

通过感官评价咖啡

工厂会通过杯试验来判别咖啡豆的香气和口感，确保没有任何缺点、符合出售的规格。

栽植咖啡树所需要的条件

适合栽植咖啡树的地方年平均温度应在 22℃左右，气候温暖，降水量稳定，土壤最好是排水性好的酸性火山灰土壤。阿拉比卡种咖啡树不喜欢湿热的气候，而且耐寒性很差，所以大部分的栽培区都位于热带或者亚热带地区海拔 1000m 以上的高山地带。罗布斯塔种咖啡树抗病虫害的能力比阿拉比卡种强，所以，无法栽植阿拉比卡种咖啡树的地区却可能适宜栽植罗布斯塔种咖啡树。

决定咖啡豆品质的四种清洁方法

将咖啡的果实变成咖啡豆的过程叫作“清洁”。咖啡樱桃采收后如果放置不管的话，过不了多长时间就会发酵，所以在采收后就需要人们立刻将果肉和果核分离以便储藏和运送。采收后的咖啡樱桃通过以下四种清洁方法，变成咖啡的原材料——咖啡豆。

1. 干燥法 Natural

将采收的咖啡樱桃直接在阳光下晒干——这是让果肉与果核同时脱离的最传统的自然干燥法。干燥法需要非常大的空间和很长的时间，这就很容易导致次品豆和异物混入，所以品质很不稳定。但是这种清洁方式使咖啡樱桃的果肉被咖啡豆吸收，因此口感会具有咖啡果实原有的甜味，而且咖啡豆本身也会非常饱满。

2. 半干燥法 Pulped Natural

将采收的咖啡樱桃放入流动的水中进行清洗，再利用机器去掉咖啡樱桃的外壳，然后放在阳光下进行干燥处理的方法称为半干燥法。与干燥法相比，混入次品豆的概率会降低很多，成品具有很浓的咖啡香和天然的甜味，可制作成具有巧克力味道的咖啡。

打浆　清除咖啡豆表面的黏液　含内果皮的咖啡豆　露天晒干

3. 水洗法 Washed

1. 将咖啡樱桃浸泡在水里，除去次品豆和异物，再用机器将果肉除去。
2. 放入水中发酵，除去表面的黏液。
3. 用清水洗净后再放到阳光下或机器里进行干燥处理。

在水源比较丰富的地区，人们主要利用这种传统的水洗法清洗，通过这种方式清洗后生产出来的咖啡酸味比较强，具有香醇的咖啡味。

4. 半水洗法 Semi-washed

用去除果肉的机器将果肉和果核上的黏液清除掉，然后再进行干燥。由于这种方法除去了发酵过程，所以具有很高的效率，而因为使用的水也比较少，所以很大程度上减少了对环境的污染。很多生产基地都开始从水洗法转换成半水洗法。

3. 选择优质的咖啡豆

在咖啡农场中把采收后经过清洁的咖啡樱桃叫作“咖啡豆”。咖啡豆的品质是咖啡口感的决定性要素。为了选出优质的咖啡豆，首先要了解咖啡豆的品种以及产地与采收后的成熟程度，再按照咖啡豆的大小选出可以制作出自己所需味道的咖啡豆。当然还可以从外观上来判断，比如观察咖啡豆的色泽、含水度以及润泽度等。

1. 咖啡的种类

如果模糊分类，咖啡的种类有数十种。但是在这数十种里以饮用为目的去栽培，并在市场中流通的咖啡大体上可以分成阿拉比卡种、罗布斯塔种和利比里卡种等。现在，让我们逐一了解这些不同种类的咖啡所具有的特性吧。

装在袋子里的生咖啡豆

Arabica 阿拉比卡种

充满个性的多种多样的品种

这种咖啡占全世界咖啡总产量的65%，平时我们购买的咖啡豆大部分都是阿拉比卡种。阿拉比卡种的原产地是埃塞俄比亚，经过阿拉伯半岛传播的途中分为“铁毕卡亚种”和“波邦亚种”，后来通过自然变异和不同的交配方法又各自分成了多个品种。阿拉比卡种对病虫害的抵抗能力比较弱，而且不耐寒。

栽植地区的海拔越高品种就越优秀。人们一般会在海拔为600~1800m的地段栽植这种咖啡。种植此品种最好是在高山地带却不会下霜、日夜温差比较大、有充足的光照、通风良好的地区，而且还要有覆盖着火山灰的排水性良好的肥沃土壤来养育它们。这样的地带栽植出来的咖啡豆不仅密度高而且口味香醇，此外酸味也恰到好处。

物以稀为贵——皮伯利咖啡 Peaberry

一般情况下，一个咖啡果实中会含有两个咖啡豆，可是有时也会出现只有一个咖啡豆的情况，这种咖啡就叫作“皮伯利咖啡”。皮伯利咖啡在一棵咖啡树上的产量不到5%，所以是非常稀有的。夏威夷岛的科纳（Kona）等地区会经过精心的筛选把皮伯利咖啡豆挑出来，然后销售到市场中。由于这种咖啡很稀少，因此很受大家的喜爱。

铁毕卡亚种 Typica

这是马提尼克 (Martinique) 岛传播出的咖啡树的后代，是二代品种中的一种。它不耐病虫害，产量非常少，因此这个品种的咖啡价格非常昂贵。此种咖啡具有花香，会给人带来轻快而又柔滑的口感。

波邦亚种 Bourbon

它是阿拉比卡传统品种中的一种，由铁毕卡亚种突变而来。这种咖啡豆比铁毕卡亚种小，更圆、更坚硬一些，具有比铁毕卡亚种更浓厚、更柔滑的口感。主要栽植地区是中美洲、哥伦比亚、巴西、肯尼亚和坦桑尼亚等地。

卡杜拉种 Caturra

卡杜拉是矮小品种中具有代表性的品种，是波邦亚种的变异种。它生长在海拔比较高的高山地带，具有酸味和苦涩的味道。与传统的品种相比，它少了一些醇度和华丽的咖啡香。

蒙多诺渥种 Mundonovo

这是铁毕卡亚种和波邦亚种的混合种，是巴西最具代表性的品种。这个品种的咖啡树适应能力很强，其咖啡豆具有非常柔和的香味，而酸味与苦味的比例也非常均衡。

帕卡马拉种 Pacamara

来自萨尔瓦多。这个品种的咖啡豆颗粒非常大，虽然产量非常少，但是受到全世界的关注。这个品种的咖啡入口时就可感受到酸、苦和甜平衡地组合在一起的味道。

给恩夏种 Geisha

发现于埃塞俄比亚给恩夏地区，是产量非常少的品种。这个品种的咖啡具有非常浓厚的咖啡香与醇正的咖啡酸味，非常独特。

Robusta 罗布斯塔种

是速溶咖啡或廉价的普通咖啡的原材料

罗布斯塔种的原产地是非洲的刚果盆地，成长速度非常快，具有很强的抗病虫害的特性。即使在无法栽植阿拉比卡种的地带，也能栽植出罗布斯塔种的咖啡树。其主要产地是越南等东南亚国家。此品种与阿拉比卡种相比没有那么浓厚的香气，基本上不具有咖啡的酸味，口感很苦，是速溶咖啡或价位低廉的普通咖啡的原材料。

Liberica 利比里卡种

占全世界咖啡总产量的 1%

利比里卡种的需求量很少，因此它的产量也比阿拉比卡种和罗布斯塔种少很多，大部分都是生产国自己消费。利比里卡种的产地是非洲西端的利比里亚，一般在海拔 100~200m 的低海拔地带栽植。利比里卡种咖啡具有很强的苦味，咖啡独特的香气也很少。

2. 产地

咖啡是最常见的奢侈品，不同人有不同嗜好，即使是同一杯咖啡，人们所感受到的味道也是完全不同的。如果想调制出一杯极品的咖啡，首先我们要确定这一杯咖啡最需要的口感要素，也就是一杯咖啡具有的酸味、苦味和柔滑感等口感中最需要的核心口感是什么。不同栽植地区的咖啡具有其独特的口感，因此在调制咖啡时，了解咖啡的产地是非常重要的一个环节。

调制一杯极品的咖啡，首先我们必须懂得分辨不同产地生产出来的咖啡豆，以及它所具有的独特口感和特性。

不同的产地，不同的口感

咖啡豆的风味因产地和品种的不同而不同，首先让我们了解一下不同产地生产出来的咖啡豆具有怎样的特性吧。

巴西 Brazil

酸味与苦味的平衡

巴西的咖啡豆由于具有非常均衡的酸味与苦味，因此无论什么样的烘焙方法都可以做出一杯好咖啡。而混合调配时可以作为基础原料，这样能更好地体现出其他咖啡豆的味道。

坦桑尼亚 Tanzania

具有醇正的酸味

坦桑尼亚生产的咖啡豆具有非常醇正的品质，不仅具有非常浓厚的咖啡味，还带有花香，喝的时候口感嫩滑，咖啡独有的酸味非常醇正。为了使咖啡的这种独特酸味更特别，一般人们会使用强烈的中度烘焙法使其达到最佳的口感。

印度尼西亚 曼特宁咖啡 Indonesia Mandheling

浓浓的苦味

具有浓厚的咖啡香和苦味，正是曼特宁咖啡的魅力。当这种浓厚的苦味散去后，人们感受到的会是甘甜与酸味。它适合强力烘焙。

哥伦比亚 波邦咖啡 Columbia Bourbon

柔滑的甜味

这种咖啡具有非常不错的酸味和甜味，而且具有幽幽的咖啡香。它的口感非常香浓，是任何人都可以拿来享受的咖啡。它的特点是喝下一口后便会有甜美的口感随之而来，这是波邦咖啡的魅力所在。即使使用很强的烘焙法进行加工，人们也依然可以享受到它的甜美香气。

喀麦隆 皮伯利咖啡 Cameroon Peaberry

具有非常强烈且极具个性的香气

咖啡樱桃在一般情况下是由两个咖啡豆组成的，但是皮伯利咖啡是由一个咖啡豆组成的。皮伯利咖啡具有不同寻常的口感与香气。

3. 熟成

新采收的咖啡豆是绿色的，但是随着时间的流逝它们会渐渐地转变成棕色，了解采收后的变化过程有助于我们选择优质的咖啡豆。

不同的熟成时间，不同的咖啡香味

不同的采收时间，会决定咖啡豆的不同特性。采收后渐渐熟成的咖啡豆因为熟成状态不同，口感和香气也会不同。新豆是刚采收加工不超过 1 年的咖啡豆，具有很深的绿色和较多的水分。采收后，随着时间的流逝，新豆中的水分会渐渐被蒸发掉，咖啡豆就会渐渐呈现出黄棕色。采收后 3~4 年，新豆就会变成老豆，此阶段咖啡豆呈现黄棕色。至于到底要选择新豆还是老豆，那就要看个人喜好了，只能说近年来新豆比较受欢迎。

由于新豆含有较多的水分，因此可用高温烘焙。新豆具有浓厚的口感与咖啡香，这是这个类型的咖啡豆所具有的特性，因此需要较为细致的调制过程。这里需要大家记住的是，这种咖啡豆在北半球是秋季采收，而在南半球则是春季采收。

前一年采收的旧豆具有的香气与酸味比较协调，因此推荐给喜欢这种口感的人。

成熟度比较好的是老豆，由于烘焙得很均匀，因此咖啡具有清爽、柔滑的口感，同时咖啡原本具有的香味将大大地减弱。

新豆 New Crop

当年采收的新豆会呈现出非常漂亮的青绿色，这是这个类型咖啡豆的特征。由于口感和香气浓厚，所以它可以直接表现出咖啡具有的特性。而因为咖啡豆的采收时间比较长，因此很容易出现来年出售的情况。例如，销售商一般会用“09~10”表示2009~2010年采收的咖啡豆，而在“10~11”的咖啡豆流通之前它都会被称作新豆。

旧豆 Past Crop

前年采收的咖啡豆。继续上面的例子，如果跟“09~10”的咖啡豆相比，“08~09”的咖啡豆就是旧豆。此时的咖啡豆已经出现了水分蒸发的现象，表面呈现出黄色。旧豆没有新豆那样浓浓的咖啡香气，但是通过烘焙，我们还是可以寻找到其特点的。

老豆 Old Crop

采收后过了3~4年的咖啡豆。此时的咖啡豆水分基本上都蒸发殆尽了，并呈黄棕色。由于大部分水分已经蒸发，因此只要均匀地烘焙就可以调制出爽口嫩滑的咖啡，只不过此时的咖啡豆已经没有了新豆那种浓浓的咖啡香气。

4. 咖啡豆的大小

咖啡豆的大小不同，调制出来的咖啡在口感上也会出现差异。现在了解一下不同大小的咖啡豆具有的特征与选择方法吧。

筛号

咖啡豆大小的测定基准

1 号筛筛眼孔径大概为 0.4mm，17 号筛为 6.75mm

大一些的咖啡豆具有清爽的口感，小一点的具有嫩滑感

咖啡豆小的长只有 5mm 左右，而大的长有 8mm 左右。大小的差异与咖啡豆的品种、产地，农场条件等复杂的因素有关，而这样的大小差异可以决定咖啡的品质。巴西、哥伦比亚、坦桑尼亚等地会用筛号测定咖啡豆的大小，用 18~20 号的筛子不会被筛掉的属于大豆。很多时候大家都认为咖啡豆越大品质就越高，但是最近出现的观点主张咖啡豆的大小与品质无关，认为大颗粒的咖啡豆具有清爽的口感，而小一些的咖啡豆具有嫩滑的口感。购买经过烘焙或未经烘焙的咖啡豆时，首先要确定咖啡豆的大小，然后再观察大小是否均匀就可以了。

大颗粒的咖啡豆

颗粒比较大的咖啡豆烘焙后会品尝到清爽而醇正的口感。

代表性品种：玛拉果吉佩种（Maragogipe）、帕卡马拉种

小颗粒的咖啡豆

小颗粒的咖啡豆凝聚着浓厚的咖啡香，具有很强的甜味，可以体现出极具个性的口感。

代表性品种：波邦种、铁毕卡种

5. 有损咖啡口感的次品豆

请留心下面这些类型的咖啡豆。

即使只混杂着一粒这样的咖啡豆，也会大大地破坏咖啡的香气与口感。在产地找出这些次品豆的手工筛选过程是非常重要的工作。

带表皮的咖啡豆
Parchment

由于咖啡豆是在有果肉的情况下进行干燥的，所以这种豆属于脱皮不完整的咖啡豆。它会使咖啡的口感不够醇正，带有一些异味。

未成熟的豆
Unripe Bean

还未成熟的咖啡豆，如果掺在其中，咖啡中会带有生豆的味道和很强的酸味。

裂开的豆
Broken Bean

裂开、碎掉的次品豆。出现这样的豆是因为在除去外壳的时候被施加了过大的压力，它会使咖啡的口感出现不均匀的现象。

变质的咖啡豆
Sour Bean

水洗用的发酵桶中有细菌，细菌发酵后会出现这种咖啡豆。它会使咖啡煮开后出现恶臭，通过咖啡豆出现深棕色的现象也能分辨出来。

发霉的咖啡豆
Fungus Damaged Bean

受霉菌的影响，咖啡豆会出现颜色上的变化，不够彻底的干燥过程，导致在流通的过程中咖啡豆受潮而出现发霉的现象。

黑色的咖啡豆
Black Bean

完整的发酵形态，使整个咖啡豆都会变黑。咖啡会出现比较大的腐败的味道，影响咖啡的整体香味。

有蛀虫的咖啡豆
Insect Damaged Bean

有一种咖啡害虫叫咖啡果小蠹，它们的幼虫是吃着咖啡的种子成长的。这样的次品豆混在咖啡中时，会让咖啡出现恶臭，口感也会差很多。

混杂着小石子或其他异物的咖啡豆
Foreign Matter

如果把咖啡豆在阳光下自然晒干，就不可避免地会混进小石子或木屑。这样的异物如果混进咖啡中，会损害到咖啡研磨机的刀刃和咖啡的纯味。

6. 什么是精品咖啡（Specialty Coffee）

精品咖啡

所谓精品咖啡，是指高品质的咖啡，需要绝对的高品质与出众的口感。咖啡豆的等级分类有两个标准：一个是出售国自行建立的标准，还有一个是消费国更客观地评价出的咖啡香味标准。出售国给咖啡豆分等级的方法有按照咖啡豆的大小分类的筛号方法，还有按照每 300g 咖啡豆中含有次品豆的数量以及通过产地的海拔高度分等级的方法。

1982 年美国精品咖啡协会（SCAA）成立，消费国方面分类咖啡等级的基准使咖啡分类变得非常明确。1986 年国际咖啡机构（ICO）建立了杯试验的基础基准，2004 年 SCAA 又建立了一套新的杯试验形式模式，以便更客观地体现精品咖啡的特点。

精品咖啡的规格

1. 350g 咖啡豆中不得含有任何次品豆。

2. 咖啡豆含有水分。用水洗法提取的咖啡豆水分含量是 10%~12%，通过干燥法提取的咖啡豆水分含量是 10%~13%。

3. 不得出现有异味的现象。

4. 大小差异不得超过 5%。

5. 满足以上 4 个要求，同时以 SCAA 制定的杯试验为基准要满足 80 分以上。

咖啡的等级

低等级 | 用来制作常见的咖啡饮品的咖啡。

经济型 | 消费最多的咖啡。

高等级 | 产地比较局限，按 SCAA 杯试验基准得分不到 80 分的咖啡。

精品级 | 最高等级的咖啡。

评定咖啡豆等级的 8 个标准

1. 咖啡豆的缺点。
2. 咖啡豆的大小。
3. 咖啡树的树龄。
4. 产地的海拔。
5. 咖啡的提取方法。
6. 咖啡豆的品种。
7. 咖啡农场或咖啡栽植地域。
8. 咖啡的口感。

有机咖啡 Organic Coffee

有机咖啡产业是指不使用除草剂、杀虫剂、灭菌剂、化肥等化合物，而利用土壤本身的生产力建立可以维持生态系统平衡并且达到生物多样性的咖啡产业。有机咖啡是得到第三方认可的产品（SCAA 的规定）。

有关有机咖啡的标准是 1992 年国际有机农业运动联盟（IFOAM，International Federation of Organic Agriculture Movements）确定的。有机咖啡的生产方式是一种通过自然界的帮助，将人为干涉降到最低的栽植生产方式。也就是说，肥料是别的植物的副产物或其他动物的排泄物，病虫害则是通过投放天敌的方式治理。现在的社会越来越重视健康与环境的问题，因此这种有机咖啡的栽植方法受到了越来越多的关注。2007 年，有机咖啡卖出了 57.5 万袋，是美国公平贸易交易量的 60%。

从咖啡的种植到消费

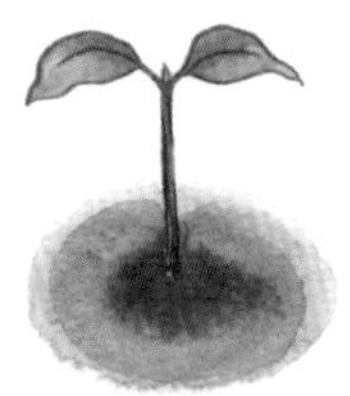

1. 苗木

2. 开花

3. 结果

4. 采收

5. 清洁

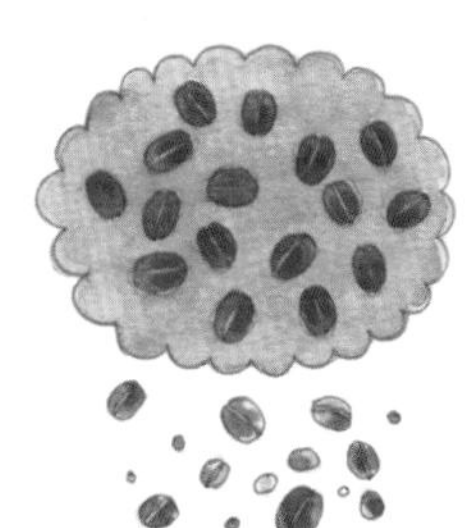

6. 筛选

7. 出售

8. 加工

9. 消费

加工咖啡豆

将生的咖啡豆炒熟的过程叫作“烘焙”。当我们嚼生咖啡豆的时候是感受不到任何咖啡香气的，这是因为咖啡豆只有在经过烘焙的过程后才能具有咖啡特有的香气与口感。所以说了解烘焙的过程对于调制一杯香浓的咖啡是非常重要的。即使是相同的咖啡豆，用不同的烘焙方法制作而成之后体现出来的香气与口感也是不同的。烘焙可以分为一般浅度烘焙、较深的浅度烘焙、较浅的中度烘焙、一般中度烘焙、较深的中度烘焙、正常的烘焙、法式烘焙、深烘焙等八个种类。浅度烘焙做出的咖啡酸味比较强，深度烘焙做出的咖啡苦味比较强。

Roasting
Blending
Grinding

1. 烘焙

Roasting

通过烘焙产生的咖啡香味

将生的咖啡豆炒熟的过程叫作“烘焙”。当我们嚼生咖啡豆的时候是感受不到任何咖啡香气的，这是因为咖啡豆只有在经过烘焙的过程后才能具有咖啡特有的香气与口感。所以说了解烘焙的过程对于调制一杯香浓的咖啡是非常重要的。即使是相同的咖啡豆，用不同的烘焙方法制作而成之后体现出来的香气与口感也是不同的。烘焙可以分为一般浅度烘焙、较深的浅度烘焙、较浅的中度烘焙、一般中度烘焙、较深的中度烘焙、正常的烘焙、法式烘焙、深烘焙等八个种类。浅度烘焙做出的咖啡酸味比较强，深度烘焙做出的咖啡苦味比较强。

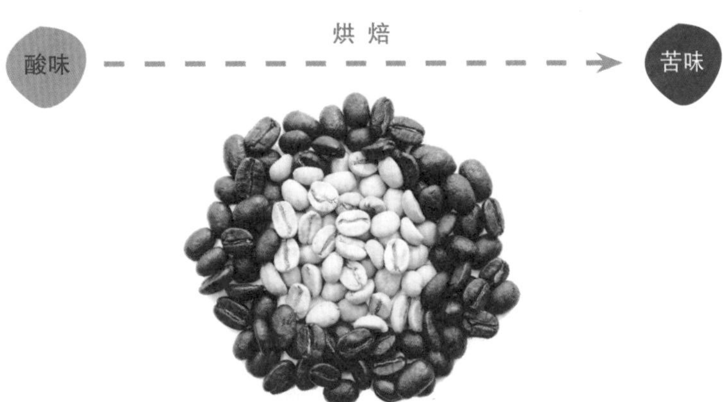

1. 浅度烘焙 Light Roast

当咖啡豆受到高温作用时，其中含有的成分就会发生变化，体现出咖啡独有的口感与香气。属于初级阶段的浅度烘焙包括一般浅度烘焙、较深的浅度烘焙两个阶段，咖啡豆会变成浅黄色。这个阶段的咖啡虽然具有咖啡独特的香气，但是如果使用这个阶段的咖啡豆制作咖啡的话品尝不出咖啡的苦味、甘甜的口感以及浓浓的香味。这个阶段的咖啡豆多是用来做产品测试的，很少用作饮品。

适合的产地：古巴、乞力马扎罗

2. 中度烘焙 Medium Roast

包括较浅的中度烘焙、一般中度烘焙、较深的中度烘焙等几个阶段。经过这个阶段的烘焙过程之后，咖啡豆的颜色会变成栗色或深棕色。烘焙阶段初期的咖啡豆会体现出较强的酸味，而烘焙度提高后苦味也会慢慢体现出来，此时我们可以品尝到组合得很协调的酸与苦的味道。

适合的产地：埃塞俄比亚、危地马拉、哥斯达黎加、哥伦比亚、古巴、坦桑尼亚、巴西、蓝山

一般浅度烘焙 Light

具有咖啡的酸味

一般浅度烘焙会使咖啡具有较强的酸味，但是嫩滑的口感和苦味等咖啡所具有的独特风味却几乎都不会体现出来。

较深的浅度烘焙 Cinnamon

用于测试

由于烘焙后咖啡豆的颜色与肉桂（Cinnamon）相似而得名。经过这种烘焙后，咖啡豆呈浅棕色，有很强的酸味。

较浅的中度烘焙 Medium

嫩滑的酸味

属于中间程度的烘焙，咖啡豆的颜色是栗色，酸味可口，具有美式咖啡的香醇口感。

一般中度烘焙 High

酸味与苦味的组合

属于稍重的中度烘焙，经过此阶段后的咖啡豆颜色会变成棕色，酸味会变淡，并多了许多咖啡的甘甜。这个阶段属于最常见的阶段，咖啡的苦味与酸味组合得非常协调，咖啡豆的特性可以全面地体现出来。

3. 深度烘焙 Deep Roast

深度烘焙包括正常的烘焙、法式烘焙、深烘焙等三个阶段，烘焙后咖啡豆的表面黝黑、具有光泽。经过这个烘焙阶段之后，咖啡的酸味会明显减少，多了几分咖啡特有的苦味。此时，咖啡会具有非常醇正的口感，挥发性成分转移到咖啡豆的表面，这会让咖啡豆散发出浓浓的香气。但值得注意的是，这种香气挥发得非常快，因此需要密封保存。

适合的产地：印度、肯尼亚、巴西、印度尼西亚（曼特宁）、巴布亚新几内亚、玻利维亚等

较深的中度烘焙 City

苦味与香味独特

属于中度烘焙，咖啡豆呈现出茶褐色。酸味消失，苦味会淡些。喜欢这个阶段咖啡的人很多，因此一般家庭或咖啡吧的需求量很高。

正常的烘焙 Full City

丰富的咖啡香

属于稍重一点的烘焙，使咖啡豆呈现出深深的巧克力色。酸味几乎要消失了，具有浓浓的咖啡苦味，几乎达到了咖啡口感的巅峰。可用来调制冰咖啡或意式咖啡，适合调制多样的咖啡饮品。

法式烘焙 French

强劲的苦味

咖啡豆的颜色呈现出黑色，表面也会渗出咖啡豆的油。带点煳味，具有很强的咖啡苦味。这个阶段的咖啡适合调制成混合牛奶的拿铁等咖啡饮品。

深烘焙 Italian

调制意式咖啡专用

属于最强型的烘焙。经过此阶段的烘焙后，咖啡豆呈现出很深的黑色，表面渗出咖啡油。调制出的咖啡具有烟熏的煳味，苦味非常强劲。

亲手烘焙

亲手烘焙咖啡的过程中也会更加了解有关咖啡豆的更详细的知识，也能时刻享受最新鲜的咖啡。现在烘焙咖啡豆的用具越来越多，而且未烘焙过的咖啡豆比烘焙过的咖啡豆便宜很多。如果我们能稍微辛苦一点的话，可以享受到更多属于自己的咖啡与幸福。只要我们了解其中的重点，即使不买专业用具，使用家里的厨房用具也能调制出非常可口的咖啡。为了调制出只属于自己的那杯完美咖啡，让我们亲手烘焙吧！

成功的钥匙——调节温度

即使烘焙后的咖啡豆的颜色都是相同的，短时间内用强火烘焙后的咖啡豆和经过长时间小火烘焙的咖啡豆的口感与香气也是完全不同的。在家中烘焙咖啡豆时，用适合的火力和时间烘焙出口感合适的咖啡豆，比烘焙出色泽好看的咖啡豆更重要。

在这里，我们给大家介绍利用厨房中常见的用具烘焙咖啡豆的方法。

准备

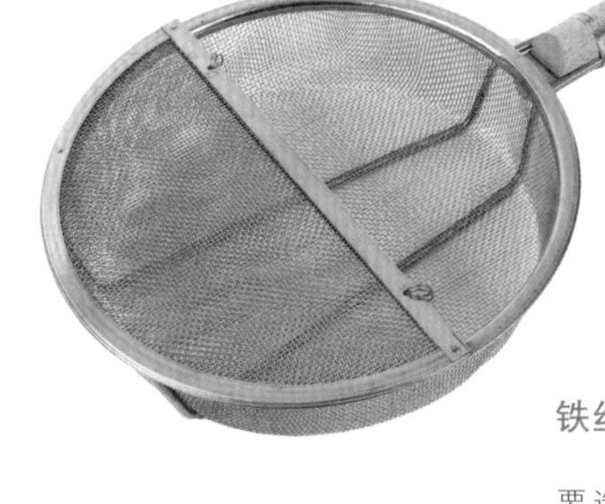

底部比较宽、比较平的筛子

为了使咖啡豆在最短的时间内变凉，需要用不会让咖啡豆重叠在一起的底部比较宽的平底筛子，铺满整整一层。

铁丝网

要选用直径约16cm、深5cm，带有把手，可以承受煤气火力的大小适当的铁丝网。

闹钟

为了防止烘焙时间太长，必须准备可以提醒时间的闹钟。

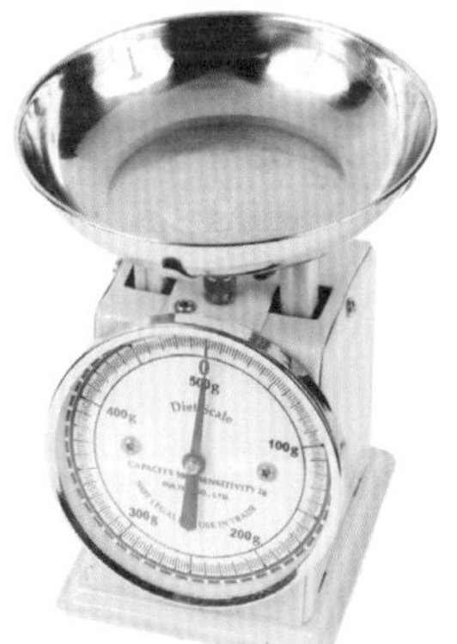

称量

一定要称量烘焙前后的咖啡豆，因为了解完成后的咖啡豆的重量可以避免烘焙失败。

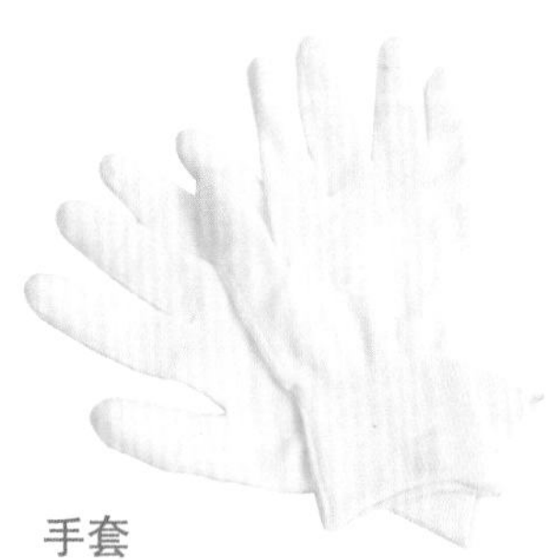

吹风机

烘焙后用于冷却。要用可以调为冷风并且风力比较强的吹风机，来代替扇子或电风扇。

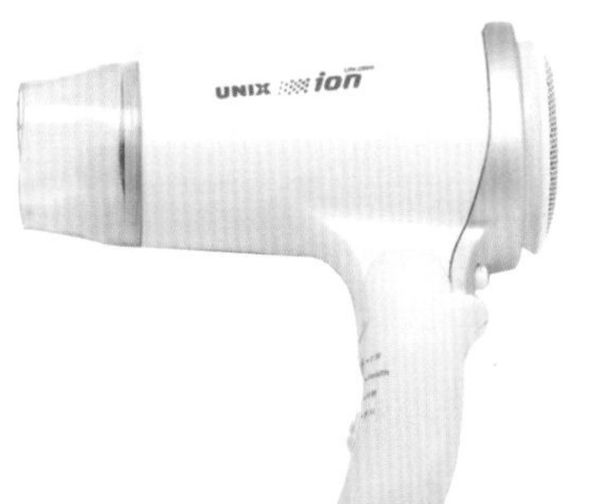

手套

烘焙的时候铁丝网很烫，咖啡豆炸开时也会导致烧伤，所以烘焙的时候一定要戴手套。

咖啡烘焙过程

在直径 16cm、深 5cm 的铁丝网中放入 120g 危地马拉新收的生咖啡豆，然后进行烘焙。

* 随着时间变化的咖啡豆

时间	咖啡豆的状态	烘焙的程度
6min（分）	咖啡豆的水分蒸发，咖啡豆整体变黄	
9min	第一轮 咖啡豆开始到处乱迸	正在炸开—— 一般浅度烘焙、较深的浅度烘焙 炸开后—— 较浅的中度烘焙
13min	第二轮 咖啡豆稍微稳定下来之后，重新开始到处乱迸	开始炸开—— 未到一般中度烘焙至较深的中度烘焙开始阶段 正在炸开—— 正常的烘焙

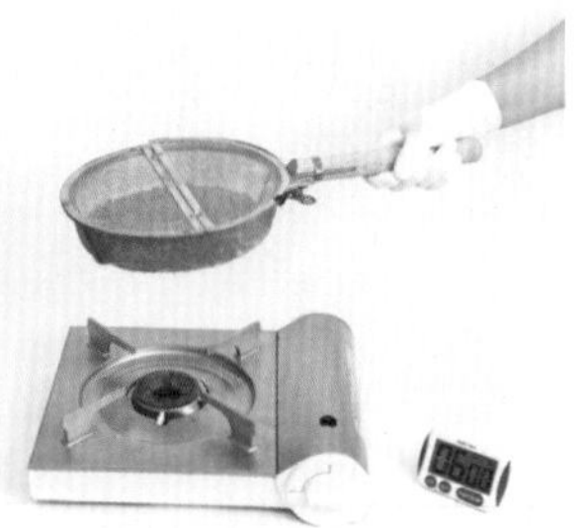

1. 准确地称量

为了能更均匀地烘焙咖啡豆，首先需要准确地进行称量。经过不同的烘焙过程，咖啡豆的质量也会发生变化，基本上 120g 的咖啡豆经过烘焙后能得到 90~96g 的咖啡豆。

重点：直径为 16cm、深 5cm 的铁丝网可以烘焙 80~120g 的咖啡豆。

2. 挑出次品豆

在烘焙过的咖啡豆中，手工筛选出次品豆，并把颜色浅的未成熟的咖啡豆或者有蛀虫的咖啡豆选出来扔掉。

3. 开始烘焙

家庭用煤气灶开大火，将闹钟调至 6min。在离煤气灶 15cm 高的地方，将铁丝网水平放在火上，左右摇晃蒸发掉水分。

重点：适合烘焙的高度是 15~25cm，为了维持这个高度，可以在墙壁上做个标记，这样烘焙的时候比较好把握高度。

4. 确认色泽度

经过 2~3min 的时间后，咖啡豆的颜色就会开始出现变化。过 4~5min 后咖啡豆的心和表皮开始分离，呈现出黄色并飘散着浓浓香味。6min 后要马上打开铁丝网确认颜色，当咖啡豆呈现出均匀的黄色时，要重新开始左右晃动铁丝网。

重点：当手部感觉到疲劳时，左右手互换，防止铁丝网的底部向下移动。

5. 第一轮烘焙时火力调整

烘焙经过 9~10min 后，咖啡豆开始冒烟并到处乱迸。这就是经过了第一次烘焙后咖啡豆的情况，而过了第一次烘焙的过程后，将铁丝网稍微向下移动一点，当咖啡豆炸开的声音变得少一些后，将铁丝网重新调回原来的高度。

重点：火力可以用铁丝网的高度和煤气灶的火力来调整。在第一轮烘焙结束的时候就等于进入了较浅的中度烘焙阶段。

6. 第二轮烘焙时火力调整

13min 后，咖啡豆开始冒烟并伴随着“嘭嘭”的声音，这就标志着第二轮烘焙过程的开始。第二轮烘焙比第一轮烘焙时咖啡豆的声音小，更有规律性。出现第二轮烘焙的状态时，将铁丝网远离火源或将煤气灶的火力调小。

7. 转移到筛子上进行冷却

达到我们所需要的烘焙程度后，用最快的速度把咖啡豆平铺到筛子上进行冷却。此时即使不再加热，咖啡豆也会因本身含有的热量继续进行烘焙，所以此时要利用木筷搅动咖啡豆，同时用吹风机帮助冷却。

重点：短时间内以最快的速度将咖啡豆冷却下来是制作优质咖啡豆的一大要点，所以一定要使用底面宽的平底筛子。

8. 筛选次品豆

当咖啡豆完全冷却下来之后，平铺在干净的地方开始筛选次品豆。呈现出白色的咖啡豆是未成熟或没有被烘焙好的豆，会导致咖啡的口感不均匀。

重点：清除导致咖啡口感混杂的次品豆，保证口感。

9. 研磨咖啡豆，调制咖啡

烘焙结束后就可以研磨咖啡豆，调制出我们需要的咖啡。当咖啡豆的心全部受过高温烘焙之后，咖啡粉末就会像松饼一样膨胀。

重点：刚烘焙的新鲜咖啡豆会像松饼一样膨胀。

10. 确认咖啡的口感

品尝咖啡的口感与味道。刚烘焙的咖啡豆品尝起来没有很浓的香气和咖啡的口感，所以一般要在常温下存放1天左右，使里面的二氧化碳全部释放。

重点：刚烘焙过的咖啡豆不具有很浓的香气，喝起来非常清淡。烘焙后放置3~4天，就可以品尝到比较醇正的咖啡味。

家庭烘焙结果评价

1. 观察整体的色泽度是否均匀。咖啡豆只有在受到的高温比较均匀时才会呈现出均匀的色泽。

2. 调制咖啡的时候观察咖啡粉末是否膨胀。如果膨胀得比较饱满的话就表示咖啡豆烘焙得非常成功。

3. 检查是否有煳了的咖啡豆。烘焙的时候如果没有摆放好的话，咖啡豆就会出现煳的情况。

4. 嚼咖啡豆。当咖啡豆烘焙得比较好时，会比较脆且具有甜味和酸味；如果失败时，就会出现煳味和苦味。

咖啡的感官评价

品尝咖啡后，客观地评价咖啡的香味。

①芳香（香气），②口感，③余味，④酸味，⑤咖啡豆的特点，⑥调和，⑦均衡性，⑧透明度，⑨甜味，⑩缺点。以上的十个方面，每个方面满分为10分，我们可以综合考虑打分（SCAA）。

成功进行家庭烘焙的重点

1. 防止咖啡豆迸出去

家庭烘焙时要左右晃动，使咖啡豆前后左右均匀地受热。使用底面凹凸不平的铁丝网可以防止咖啡豆到处乱迸，这样能更好地吸收热量。要不停地左右晃动，这一点在烘焙的过程中非常重要。

2. 选择扁一些的豆

通过加热的方法把咖啡豆中所有的水分全部蒸发掉，在烘焙过程中是非常重要的。刚开始烘焙时，要先选择密度稍微小一些的咖啡豆，比如巴西咖啡豆或摩卡咖啡豆等扁一些的咖啡豆，而在熟练地掌握了烘焙的要领后，我们可以选用一些密度比较大的咖啡豆。

3.在适当的高度左右晃动

当维持在适当的高度时，就要进行平面烘焙。将铁丝网维持在这个高度，可以使咖啡豆更均匀地受热。使铁丝网在煤气灶火力范围内进行精细地烘焙，这需要烘焙者拥有耐心。

4. 烘焙后手工筛选次品豆

烘焙后挑出颜色不一、有蛀虫和形态异样的次品豆。

5. 用正确的方法保存，保持咖啡豆的新鲜度

把咖啡豆放入纸质的袋子里封起来，再用塑料的口袋封存，这样的双保险方式可以起到防止空气进入的作用，在 6 个月内保持咖啡豆的品质不会发生变化。

Blending

用只属于自己的混合咖啡豆提取浓浓的咖啡

组合各个特性不同的咖啡豆，调制出新的口感与香气的过程叫作“调配”。最初的混合咖啡是摩卡爪哇（Mocha-Java），这个咖啡混合了印度尼西亚咖啡和也门咖啡、埃塞俄比亚咖啡，使其具有摩卡咖啡的果香和酸味，并与爪哇咖啡强劲的口感和谐地组合在一起。为了使它们能更好地混合在一起，需要了解不同原产地咖啡的特性，进行可以贯穿所有味道的烘焙。

调配咖啡豆的基本原则

1. 调配特性完全相反的咖啡豆

如果为了提高咖啡的酸味而一味地把所有具有酸味的咖啡豆混合在一起的话，只会把每种咖啡具有的特性削弱。让我们一起来调配不同特性的咖啡豆，创造出只属于自己的新口味吧。

2. 定下来基础咖啡豆

把自己最喜爱的咖啡豆当作最基础的原料，使其占所有咖啡总量的 50% 以上，在此基础上再补充口感独特的咖啡豆或具有独特香气的咖啡豆。

3. 组合产地不同的咖啡豆

调配产地不同的咖啡豆时，组合出来的口感会更具效果。利用已经组合得十分均衡的配料，体现每种咖啡的特性。

4. 调配的咖啡豆种类要控制在两三种

调配的咖啡豆种类越多，难度就会越高，你很容易偏向某种口味。一般在最基础的咖啡豆中加入一两种其他口味的咖啡豆，而烘焙的程度不要超过三个阶段比较好。

调配单种咖啡豆也会具有浓浓的香味

混合咖啡中使用的咖啡豆是经过烘焙的咖啡豆，刚开始的时候可以只加入一种烘焙程度的咖啡豆，等熟练后可以渐渐地增加不同的烘焙类型。即使是相同种类的咖啡豆，一般中度烘焙会形成酸味比较重的咖啡，而正常的烘焙会形成苦味比较重的咖啡，因此组合在一起就形成了非常浓的口感。相反，如果烘焙的程度相同而咖啡豆的种类不同，很容易导致偏向某种口味的现象，很难掌握口味的平衡。

混合咖啡与咖啡豆的种类无关，只需要选择自己喜爱的咖啡种类作为基础就可以了，并在这基础上添加自己喜欢的具有独特性质的咖啡或口感比较轻快的咖啡。但是最好避免加入的种类过多，因为如果添加性质差不多的咖啡并无太大意义，最好选择亚洲、中南美洲等不同地域的不同特性的咖啡。

1. 基础混合

首先选择同种但烘焙程度不同的咖啡豆，将咖啡的酸味与苦味完美地结合在一起。而咖啡豆的烘焙程度差异不可以太大，刚开始可以用 1∶1 的比例进行混合，慢慢地根据不同的需求一点点调配出最佳的比例。

巴西咖啡：较浅的中度烘焙＋较深的中度烘焙

巴西咖啡一般作为混合咖啡中的基础咖啡使用，因为它更能体现出其他咖啡的特性。首先我们混合最常见的较浅的中度烘焙和较深的中度烘焙的咖啡豆。

哥伦比亚咖啡：一般中度烘焙＋正常的烘焙

混合了一般中度烘焙和正常的烘焙的哥伦比亚咖啡豆，可以混合出具有甜味的醇正咖啡。哥伦比亚咖啡豆属于苦味较强的类型，所以要选择烘焙的程度比较高的类型。

2. 成功地混合出具有独特魅力的咖啡

成功地混合出适合自己口味的混合咖啡后，还可以加入自己喜欢的具有独特性质的咖啡豆。下面介绍的是具有鲜明特性和代表性的咖啡豆。

苦味 **曼特宁**

正常的烘焙至法式烘焙阶段的曼特宁具有最佳的咖啡苦味。深烘焙会烘焙出接近煳的口感，因此本书并不建议使用。

酸味 **耶加雪菲**

较浅的中度烘焙至一般中度烘焙阶段的耶加雪菲具有非常醇正的酸味。如果想混合出酸味较强的咖啡，可以用这种咖啡豆作为基础咖啡豆。

甜味 **危地马拉**

这款咖啡的余味具有非常柔滑的感觉，混合后能使咖啡具有浓厚感是这种咖啡豆的特点。推荐大家使用较浅的中度烘焙至较深的中度烘焙阶段的危地马拉咖啡豆。

香 **肯尼亚圆豆**

肯尼亚圆豆咖啡具有非常强劲的口味，因此建议大家先掺进去整体 10% 的量，然后再慢慢地调试出适合自己的比例。

六种混合咖啡

1. 最常见的混合咖啡

较浅的中度烘焙的巴西咖啡豆 25%、较深的中度烘焙的巴西咖啡豆 25%、一般中度烘焙的哥伦比亚咖啡豆 25%、正常的烘焙的哥伦比亚咖啡豆 25%。

这款混合咖啡使用了最常见的巴西咖啡豆混合哥伦比亚咖啡豆，用相同的量调配出了口感均衡的咖啡。

2. 清爽的口感

一般中度烘焙的萨尔瓦多咖啡豆 60%、较浅的中度烘焙的巴西咖啡豆 25%、较深的中度烘焙的多米尼加咖啡豆 15%。

萨尔瓦多咖啡具有非常清爽的口感，用这个类型的咖啡豆作为基础，加入可以形成均衡口感的巴西咖啡豆以及可以调配出嫩滑口感的多米尼加咖啡豆，这样的搭配可以使咖啡整体体现出非常清爽的口感。

3. 浓浓的口感

一般中度烘焙的哥伦比亚咖啡豆 30%、较浅的中度烘焙的巴西咖啡豆 20%、正常的烘焙的曼特宁咖啡豆 20%、较深的中度烘焙的肯尼亚圆豆咖啡豆 20%、正常的烘焙的哥伦比亚咖啡豆 10%。

将五种不同种类、四种不同烘焙程度的咖啡豆组合在一起，调配出的具有浓浓咖啡香的咖啡具有萦绕在齿间的优雅感。

4. 具有强劲的苦味

正常的烘焙的肯尼亚圆豆咖啡豆 50%、正常的烘焙的曼特宁咖啡豆 30%、正常的烘焙的哥伦比亚咖啡豆 20%。

三种不同产地的咖啡豆都经过了正常的烘焙阶段，这样的组合调配出的咖啡不仅具有强劲的苦味，还能体现出微妙且多样的口感。

5. 冰咖啡

法式烘焙的巴西咖啡豆 70%、正常的烘焙的哥伦比亚咖啡豆 30%。

这种组合可以体现出冰咖啡具有的苦中带甜的余味。

6. 醇正优雅的口感

一般中度烘焙的危地马拉咖啡豆 60%、一般中度烘焙的巴西咖啡豆 20%、较深的中度烘焙的坦桑尼亚咖啡豆 20%。

这是可以让人们享受到醇正而又优雅口感的一款混合咖啡。加入了危地马拉咖啡豆以及可以调配出均衡口感的巴西咖啡豆和坦桑尼亚咖啡豆的这种搭配，可以很好地体现出危地马拉咖啡的个性。

为新手们准备的混合咖啡的重点

1. 寻找最适合自己的混合咖啡

在咖啡馆中品尝各式各样的混合咖啡，并且分析构成这种口感的组成成分。当我们遇到非常符合自己口味的咖啡时，可以去询问一下是用什么种类的咖啡以什么比例混合出来的。

2. 以咖啡豆的形态混合保存

将烘焙过的咖啡豆按照自己的需求以一定的比例调配好之后，放入咖啡研磨机磨成粉末状。为了保持咖啡的新鲜度，最好以咖啡豆的形态保存，每次饮用前再磨。

3. 混合粉末状的咖啡

虽然以咖啡豆的形态保存可以保持咖啡的新鲜度，但是如果是在家饮用，可以直接购买粉末状的咖啡，再按照比例进行混合。

4. 不要混合还未烘焙的咖啡豆

由于咖啡豆的大小和水分含量不同，很可能无法均匀地烘焙，所以一定要把经过烘焙的咖啡豆进行调配。

Grinding

提取方法不同，磨咖啡豆的方法也不同

经过烘焙后咖啡豆不仅具有浓浓的咖啡香，也会变得容易研磨。提取方法不同，咖啡豆研磨的程度也不同。很多时候人们都会把咖啡豆磨成比沙子细腻、比砂糖颗粒大一些的程度，但是为了提取咖啡时能达到最佳状态，不同咖啡豆研磨的程度也是不同的。

手动研磨机既可以起到装饰的作用，价位也比较低廉，但是这种研磨机磨出来的咖啡并不是很均匀。如果研磨的咖啡颗粒有大有小、不均匀，水渗透咖啡粉的时间就会比较长，提取的咖啡也会比较苦。如果使用电动研磨机的话，磨出来的咖啡粉会很均匀。为了保持这种良好的状态，电动研磨机需要定期清洗养护。

适合不同提取方法的研磨方式

滤纸过滤	细腻至中度
虹吸壶	细腻至中度
滤网过滤	中度至粗
法式压滤壶	中度至粗

粗研磨

磨出的咖啡颗粒与粗粒的砂糖差不多（直径约 1mm 左右）。使用法式压滤壶，将咖啡粉倒入热水中过滤，或用滤网过滤。需要一定的提取时间，提取出的多属于酸味系列的咖啡。

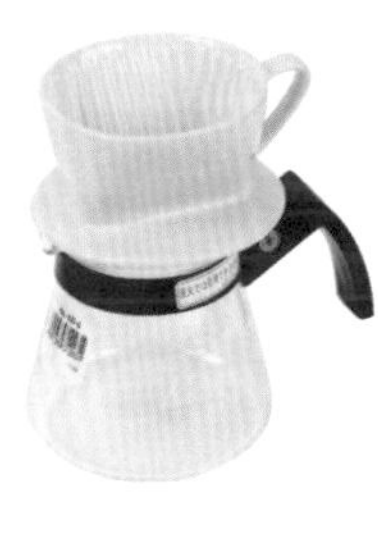

中研磨

很多时候都会使用这种粗细的咖啡粉，比如咖啡机使用的咖啡也是这种。适于滤纸过滤提取、用咖啡机和虹吸壶提取等。

细研磨

磨出的咖啡接近粉末状，与粉末状的砂糖粗细差不多（直径约 0.5mm）。磨得越细、越均匀，可提取的咖啡成分越多。细研磨的咖啡属于苦味系列，用于制作冰咖啡。还有一种是极细研磨，适用于意式咖啡机。

高温会破坏咖啡的口感

无论是手动研磨还是电动研磨都要注意高温的影响。特别是电动研磨机，当它研磨咖啡豆的时候，很容易会因为研磨机产生的高温使咖啡出现异味，也会使咖啡的香气发生变化。但是如果掌握电动研磨机的使用要领，就可以磨出非常均匀的咖啡粉。

为了延长研磨机的寿命、提高研磨的质量，一定要选购质量好的研磨机。使用后要用刷子将咖啡粉刷掉，如果用清水清洗的话一定要晒干，以免生锈，因为生锈是损伤刀刃的重要原因之一，而且锈也会让咖啡产生异味。

手动研磨机

一定要慢慢地旋转把手，这样不会产生太高的温度。购买时要选择可以调整粗细的机型。

电动研磨机

小型电动研磨机很容易产生高温，因此旋转5s（秒）之后一定要停下来降温，重复五六次可以使咖啡豆磨得更均匀。

保管研磨机的方法

如果在很长的一段时间里都不使用电动研磨机的话，就需要使用清洁物品。如果没有，可以放入大米或大麦进行研磨，可以保持研磨机的良好状态。

提取

将热水倒到咖啡粉上，使咖啡里面的成分溶入水中并进行过滤，这样的过程叫作“提取”。提取咖啡时使用的工具不同，提取方式也会不同。调制出一杯顶级的咖啡需要多次尝试各种不同的咖啡类型，再按照自己的喜好和生活方式选择适合自己的提取工具。如果熟练地掌握了五种提取咖啡的方法，完全可以按照自己的生活需求，调制出更加适合自己的咖啡。

B r e w i n g

1. 滤纸过滤 Paper Drip

将热水倒到咖啡粉上，使咖啡里面的成分溶入水中并进行过滤，这样的过程叫作“提取”。提取咖啡时使用的工具不同，提取方式也会不同。调制出一杯顶级的咖啡需要多次尝试各种不同的咖啡类型，再按照自己的喜好和生活方式选择适合自己的提取工具。如果熟练地掌握了五种提取咖啡的方法，那就完全可以按照自己的生活需求，调制出更加适合自己的咖啡。

尽显咖啡原味的滤纸过滤

滤纸过滤是手工提取法中最普通的提取法，咖啡的品牌和种类不同，提取的方法也不同。

现在给大家讲解提取咖啡的不同方法和提取的详细过程：首先准备烘焙好的中研磨过的新鲜咖啡粉，通过滤纸过滤的方法提取香浓的咖啡。

虽说滤纸过滤是最常见也是最简单的提取方法，但也正因为是最简单的方法，因此提取出来的咖啡不仅具有咖啡原有的优点，同时也具有其缺点。所以用这种方法提取咖啡时需要细心地进行，也需要操作者熟练地掌握技巧。

调制可口的滤纸过滤咖啡

工具和材料：过滤器、咖啡壶、过滤壶、滤纸、手动研磨机、电子秤、温度计、中研磨的咖啡粉 20g（2 人份）、热水（80~90℃）300mL

滤纸过滤的程序

步骤	过滤时间（s）	水量（mL）
浸泡	25~30	出现一两滴提取液的程度
第一次提取	30	70
第二次提取	20	50
第三次提取	40	30

1. 铺平磨好的咖啡粉

摇晃过滤器，平铺咖啡粉。

2. 浸泡

将热水倒入咖啡粉中，此时会出现很丰富的泡沫，咖啡粉的体积也会迅速膨胀，这种现象叫作“吸水”。过 20~30s 后这种膨胀的现象会渐渐消退。

3. 第一次提取

本来膨胀的咖啡泡沫表面会开始出现缝隙或是分块，这时就要开始进入提取的阶段了。以从中心开始往外扩散画螺旋形的方式倒入热水。

4. 第二次提取

中心部分的咖啡粉沉淀之后要重新倒入热水，最多倒入 80% 的热水。逐渐降低热水的高度，并加快倒水的速度，关注咖啡的提取量。

5. 第三次提取

观察滴入咖啡壶的咖啡量，达到一定的提取量后分离咖啡壶与过滤器。

6. 完成

当咖啡的提取量达到标准量时就要停止提取的过程，因为即使过滤器里面还有溶液，它们也会随着时间的推移加重咖啡的苦味，所以提取咖啡的时间最好控制在 3min 以内。这就是滤纸过滤的全部过程。提取结束后加入热水调整咖啡的浓度。

提取咖啡的关键是“浸泡”

滤纸过滤中最重要的一个环节是用热水浸泡，这个过程主要是为了提取咖啡中最可口的成分，也是为了消除咖啡粉中的煤气（在烘焙过程中煤气中的物质会混入到咖啡豆中）。咖啡豆中含有的煤气物质的量与咖啡的种类、烘焙程度以及咖啡粉颗粒的大小和新鲜度有关。

新鲜的咖啡豆磨成粉末后遇到热水膨胀得非常快，混入煤气中的杂质的量就比较多。而放置时间较长的咖啡豆就不太容易出现膨胀的状况，热水也过滤得非常快。如果想调制出可口的咖啡，首先我们要选择质量好的新鲜咖啡豆，再进行均匀的烘焙过程，并磨成不粗不细的咖啡粉。

滤纸过滤的成功重点

1. 咖啡豆磨成中研磨的程度

适合提取方法的咖啡粉非常重要。用滤纸过滤的方法提取咖啡时，咖啡豆要磨到中研磨的程度，摸起来不会太粗也不会太细。

2. 从中心部分开始倒入热水

若从过滤纸的边缘开始倒入热水的话，很容易导致堵塞，提取的咖啡就会很淡。从中心部分开始轻轻地倒入热水，使咖啡粉的形状不被破坏，使粘贴在滤纸上的咖啡粉不会被热水冲下来。

3. 倒入热水的高度越低越好

倒入热水时高度尽可能低一些，并且水流不要太大。若从比较高的地方开始倒入的话，水流能使咖啡粉中出现很多空隙，而空气会从这些缝隙中进入咖啡粉。如果咖啡粉中进入很多空气的话，浸泡就变得毫无意义了。在还没有完全过滤之前，从较低的高处倒入热水，而倒入热水的高度最好不要超过10cm。

4. 准确地测量提取量

为了提取咖啡豆中最精华的部分，当达到提取量时，即使过滤器中还有剩余的部分，也要毫不犹豫地拿开，绝不要害怕浪费而继续提取。因为超过提取量之后，剩下的咖啡很可能导致整个咖啡变淡且变得有异味。

折叠滤纸的方法

折叠滤纸时按照过滤器的形状调整，底部相互交错地折叠。将折叠好的滤纸放入过滤器里面时不要弄湿滤纸，因为湿的滤纸很容易堵塞滤纸与过滤杯口之间散热的通道。滤纸要放入密封的袋子里保存，以免吸入异味。

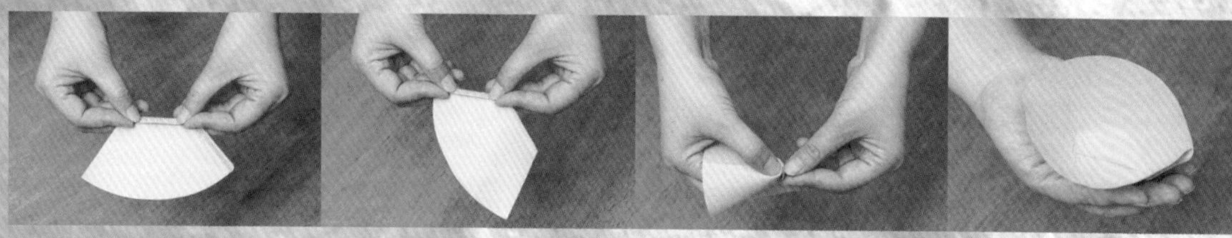

1. 寻找适合过滤器大小的滤纸，把底部相互交错地折叠在一起。
2. 再把滤纸的两边也叠在一起。
3. 用手指撑开滤纸底部的两端，使滤纸形状固定。
4. 将叠好的滤纸按照过滤器的大小固定形状。

各式各样的咖啡勺

有很多种不同大小的咖啡勺，所以要对自己使用的咖啡勺有所了解。只有了解了咖啡勺的容量才能更好地调整咖啡的浓度。

Melitta 咖啡勺：8g
Kalita 咖啡勺：10g
KONO 咖啡勺：12g

French Press

法式压滤壶提取咖啡时，首先会把咖啡浸泡在热水中，经过一段时间之后才会提取。用这个方法提取的咖啡不仅具有非常强劲的咖啡香味，由于是通过热水浸泡出来的，因此还可以更好地享受咖啡的所有口感，更能享受到咖啡油的味道。

简便而又时尚的法式压滤壶

咖啡油中含有很多可以提高咖啡口感的成分，如果用法式压滤壶提取咖啡的话，就不会把咖啡油的成分过滤在外，这样可以调制出具有精品咖啡口感的高品质咖啡。

法式压滤壶是从调制红茶时使用的压滤壶用具衍生而来的，咖啡专用的法式压滤壶也是近些年才出现的。现在市面上已经出现了很多设计非常漂亮的法式压滤壶，它们不像滤纸过滤那样还会出现垃圾，所以既能保护环境还很经济实用。

用法式压滤壶调制出可口的咖啡首先需要细心地研磨新鲜的咖啡豆，然后准确地称量咖啡的重量。提取的时间最好不要超过 4min，刚开始的时候需要了解准确的过滤时间。熟练掌握技巧前，想持续地调制出可口的咖啡的话，不仅需要懂得如何选择优质的咖啡豆，也要懂得掌握提取的准确时间。

磨得稍微粗一些

适合法式压滤壶的是稍微粗一些的咖啡颗粒。咖啡原有的口感和咖啡油可以使咖啡的味道更浓、更香。

bodom 公司生产的法式压滤壶中间是空的（双层），这个品牌的优点是壶内温度不容易降低，而且可以通过适合压滤壶的细长的金属弹簧，调制出含有丰富咖啡油的咖啡。通过称量咖啡豆的重量和把握提取时间，提取会更精确，每次都可以调制出口感均匀的咖啡。

调制出可口的法式压滤壶咖啡

工具和材料：法式压滤壶、闹钟、计量咖啡的勺子、秤、粗研磨咖啡粉 10g（1 人份）、热水 180mL

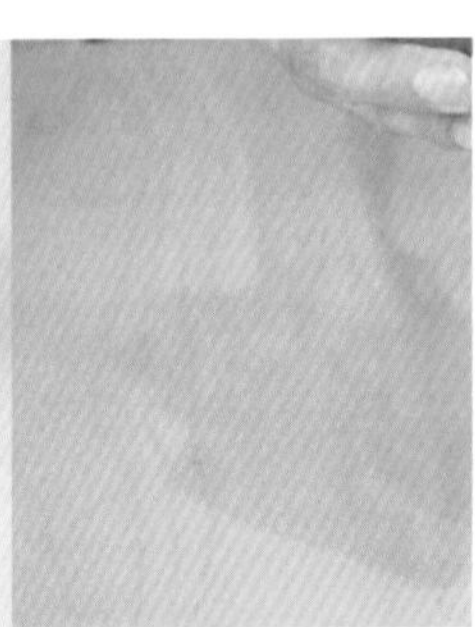

1. 称量咖啡粉的重量

为了不影响咖啡的味道，要先对法式压滤壶进行加热，然后再把磨得稍微粗一些的咖啡粉放入法式压滤壶中。

2. 倒入热水，闷一下

将 90℃的热水 20~30mL 倒入法式压滤壶中，闷 20~30s 的时间。压滤壶里面的咖啡粉膨胀到壶的表面时，将法式压滤壶轻轻地放到桌面上，然后轻轻地拍打，直至咖啡粉与水更好地混合在一起。

3. 再倒入热水并盖严法式压滤壶

再往壶里倒入 150mL 的热水后，盖紧法式压滤壶的盖子。

4. 等待至定好的时间

一直等到闹钟显示过了 3min 为止。

5. 压下滤网，倒出咖啡

到了预定的时间后，慢慢地向下压滤网。

6. 完成

将提取的咖啡倒入加热过的杯子里。一杯成功的法式压滤壶咖啡表面会浮着一层咖啡油，这也是决定它独特口感的重要因素。

成功用法式压滤壶提取咖啡的重点

1. 准确的称量

如果每次都想成功地调配出可口的咖啡，就需要每次冲泡的时候都要用秤和计量勺准确地进行称量，而不只是通过目测的方式进行测量。

2. 准确的提取时间

法式压滤壶提取咖啡成功与否，关键在于是否准确地掌握时间进行提取。事先将闹钟定为 3min，在倒入热水时开始计时。如果冲泡的时间过久，很容易影响咖啡的口感，所以一定要把握好时间。

3. 勿倒出残余物

法式压滤壶提取咖啡的过程中会使用到金属过滤网，这与滤纸过滤和滤网过滤不同，咖啡提取液中很容易混进一些咖啡的粉末。所以提取咖啡的时候不要将全部的提取液倒入咖啡杯中，要将残留物留在法式压滤壶中。喝的时候也不要把咖啡中剩下的残留物都喝进去。

清洗法式压滤壶的方法

1. 握住金属网过滤器，拧开螺钉进行分离。可以分离出金属棒、金属弹簧、有窟窿的模板、金属网过滤器十字固定板等零件。
2. 用中性的清洁剂清洗法式压滤壶中分离出来的零件以及壶的里面，此外也可以用柔软的刷子进行清洗。
3. 把过滤器和其他零件重新安装到法式压滤壶上，放入一些清水，把没有洗掉的微小残余物也洗掉。
4. 再次将过滤器与金属棒分离，擦去水分后在阴凉的地方干燥，然后再组装起来。

3. 滤网过滤

Flannel Drip

利用滤网提取的滤网过滤咖啡，是所有手工制作的咖啡中具有最佳口感的咖啡。这种咖啡可以非常好地体现出咖啡师想调制出的口感，受到很多人的喜爱，同时也是提取过程比较复杂的一种咖啡。时间比较充裕时，可以通过这种具有浓浓手工制作口感的滤网过滤咖啡，享受属于自己的咖啡时光。

滤网的密度比滤纸的密度小一些，因此咖啡油等成分完全可以穿过滤网被提取出来，所以滤网过滤的咖啡不仅爽口，也非常嫩滑。通过滤网过滤提取咖啡时，需要用热水将每一粒咖啡都进行完整的浸泡，这一点非常重要。滤网过滤使用的是布制网，因此使用的热水温度要比滤纸过滤时的水温高一些。

手工提取的咖啡中最经典的咖啡

在滤纸过滤还没有现在这样普及之前，人们最常使用的方法是滤网过滤。清洗滤网时不可以使用任何清洁剂，而应单纯地用清水清洗。清洗的时候一定要注意查看网上是否有咖啡的残留物，咖啡的残留物会变质，产生异味。滤网过滤提取咖啡时需要操作者细心并且具有耐心，需要出水口比较细的咖啡专用热水壶。虽然这种提取咖啡的方法比较烦琐，但是其口感却是非常出众的。

滤网的使用方法

仔细观察滤网会发现，滤网的两面有所不同，滤网的一面有绒毛而另一面没有。用有绒毛的一面提取咖啡时会久一些，咖啡的味道会更浓一些；如果用没有绒毛的一面提取咖啡的话，时间会短一些，口感会柔和一些。按照个人喜好可以选择性地使用滤网的不同面。

提取可口的滤网过滤咖啡

工具和材料：粗研磨的咖啡粉 30g、滤网、过滤器、咖啡壶、计量勺

1. 慢慢地倒入热水

将热水倒入咖啡的中心部位，要非常缓慢地倒在咖啡粉上。

2. 闷咖啡粉

在滤网过滤中，闷咖啡粉是非常重要的一个环节，能使咖啡粉充分地浸泡在热水中。提取咖啡液需要 3min 左右的时间，但是首先需要将咖啡粉在热水中浸泡 2min 左右的时间。

3. 咖啡提取液开始滴落

滤网过滤时咖啡液会按照一定的规律和速度滴落，咖啡粉充分地吸收了水分后最开始滴落的是比较浓的汁液。咖啡液会如上图所示滴落。

4. 第一次提取

维持固定的水流大小，进行第一次提取。注意不要让热水直接接触到滤网。

5. 第二、三次提取

表面的咖啡泡沫消失之前进行第二、三次提取。控制热水扩散的范围，使其不要扩散得太大。

6. 完成

提取到规定的量之后停止倒入热水，把提取的液体倒入咖啡杯中。

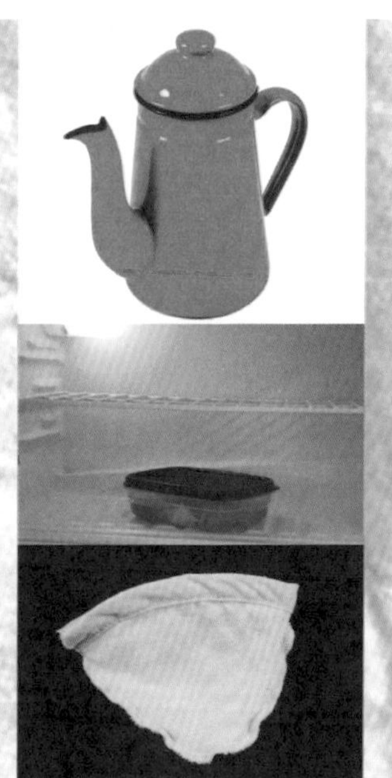

可以控制水流的咖啡专用热水壶

咖啡专用的热水壶出水口类似鸟类的喙，可以控制热水的出水量。

滤网放到冰箱中保存

用清水洗净滤网的两面之后，把它放到装有水的容器中，再放进冰箱里保存。如果很长时间不使用的话就要放入冷冻室保存。

选择优质的滤网

选择优质的滤网是滤网过滤的重要因素，所以一定要慎重地选择优质的滤网。根据材料的不同，滤网可以分好几种，其中最值得推荐的一种是木棉平织材质的滤网。如果想把细腻的咖啡粉也过滤掉的话，需要用带有绒毛的滤网进行过滤。

滤网成功过滤的重点

1. 将滤网放入水里保存

用过的滤网上会有咖啡的一些油。这种油晒干后接触到氧气，会发生化学反应产生异味，影响咖啡的整体口感，所以每次使用后一定要用清水彻底清洗，然后放入水里保存。

2. 咖啡豆要磨得粗一些

在提取咖啡之前磨新鲜的咖啡豆，不能磨得太细腻，否则过滤的时候会混进很多残留物，导致咖啡的口感混杂、不够醇正。所以磨得比较粗一些的咖啡粉适合进行滤网过滤。

3. 使咖啡粉充分地吸收水分

滤网过滤需要的是将每一个咖啡颗粒都充分地浸泡在热水中，所以需要将磨好的咖啡粉浸泡 2min。这个时候一定要注意把握好浸泡的时间，如果浸泡太长时间反而容易混进其他的杂味，导致咖啡的口感大打折扣。倒入热水的时候要维持一定的流量，并且在倒过热水的地方不要重复倒。如果倒入热水时水滴和水滴之间的距离太长，也会影响咖啡的口感，使咖啡提取液比较淡。

Siphon

4. 虹吸壶

用虹吸壶提取的咖啡，不仅能把咖啡最醇的香气提炼出来，还能提取出使咖啡爽口且清甜的成分。虹吸壶最大的魅力是只要能把握咖啡豆研磨的粗细程度和提取的时间，就可以提取出香味。

虹吸壶是由用耐热玻璃制成的下壶和上壶组成的。其工作原理是通过水蒸气产生的压力，将下壶中的水蒸发到上壶中提取咖啡。1840 年苏格兰工程师纳皮耶发明了真空式的提取工具，之后，1924 年日本 KONO 公司将这种咖啡机商品化后取名为“虹吸壶”——这就是虹吸壶名字的由来。在 20 世纪七八十年代的韩国，虹吸壶咖啡在大学街等地方也是非常流行的一种咖啡饮品。

味香爽口的高品质咖啡——虹吸壶咖啡

在家中使用虹吸壶提取咖啡时，可能会用到煤气灶或者酒精灯。提取过程中最困难的是调整火力，因为绝对不可以使用大火力进行提取。当水蒸气向上蒸发的时候，如果因为火力过大，蒸发得过快，就很容易使水蒸气凝固后往下滴落。但是如果使用火力比较小的酒精灯进行提取的话，不仅很难控制火力，蒸发水的时间也会非常久。所以在家使用虹吸壶的时候，选择用煤气灶加热过的热水会简单很多。

一般选用较深的中度烘焙程度以上的咖啡豆，研磨后的颗粒直径在 0.5mm 左右，要磨得细腻一些。

提取可口的虹吸壶咖啡

工具和材料：细研磨到中研磨的咖啡粉 30g（2 人份）、虹吸壶、滤纸、木棒、热水 300mL

1. 固定虹吸壶

将过滤器放入虹吸壶中，利用弹簧使过滤器位于壶的中心部位。

2. 将热水倒入虹吸壶中

将咖啡放入上壶中，将热水倒入下壶中。如果倒入的水是凉水的话，就需要用很长时间进行加热，因此选择热水倒入下壶中，并且用干净的布擦去下壶表面的水分。用酒精灯进行加热，使下壶里面充满膨胀的水蒸气，等待蒸发的水蒸气向上渗透到上壶中。

3. 第一次搅拌

当下壶里面的热水几乎全都蒸发到上壶中时，调小火力。用木棒搅拌上壶中的咖啡粉，使其溶解到水中，搅拌 10 次左右。控制好搅拌的次数、泡咖啡粉的时间，可以起到调整浓度的作用。

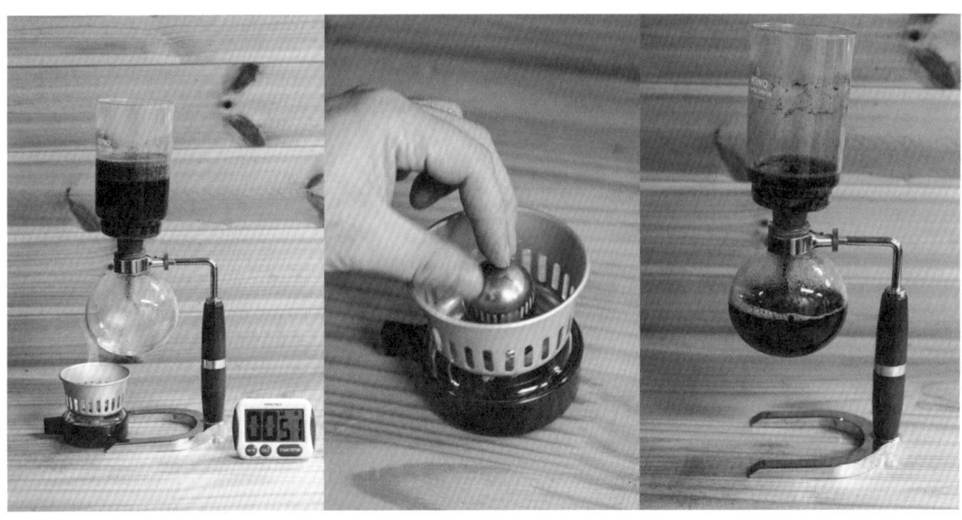

4. 第二次搅拌

过 20~25s 后用木棒进行第二次搅拌。上壶中会分出咖啡沫、咖啡粉、咖啡液三个层次。

5. 熄灭火

进行第二次搅拌后过 1min 左右的时间熄灭酒精灯，等待咖啡滴入下壶中。虹吸壶提取咖啡的方法，比其他过滤方法更容易提取咖啡中的其他成分。所以提取咖啡的时间比较长的时候，很容易将咖啡中的其他成分也提取到咖啡中。

6. 等待咖啡过滤

咖啡液开始从上壶滴落到下壶中，到最后滴落的速度会变得很快。如果出现滴落的速度过慢的现象，可以用冷水浸泡过的毛巾包裹下壶。当下壶的温度降低的时候，咖啡滴落的速度会快一些。当咖啡全部滴落下来时，上壶中的咖啡粉会呈现出拱形，这个时候的咖啡口感是最佳的。最后咖啡粉的上方会残留着泡沫。

7. 完成

提取的全部过程都结束后，将下壶分离出来，把里面的咖啡倒入加热过的咖啡杯中。

虹吸壶提取成功的重点

1. 清理灯芯顶部

初次使用虹吸壶提取咖啡的新手，最需要留意的是酒精灯火力的调整。首先要防止火力过大，所以新买的酒精灯要剪短灯芯，为了保持火花的形状，修剪灯芯时要剪得圆一些。

2. 中度火力

想提取出口感最佳的咖啡，必须把火力控制在中火，防止下壶里面的水沸腾得过大。保持酒精灯的火花顶部刚好接触到下壶的底部。

3. 正确地固定过滤器

粗心的人固定过滤器时很容易会犯错，在过滤器固定得不正确的情况下进行提取。应轻轻地摁下过滤器的中心部分，然后正确地进行固定。

4. 细心地搅拌

搅拌上壶中的咖啡，是为了使咖啡粉与水更好地融合在一起。但是搅拌得过多会使咖啡粉中的其他成分也溶解在水里，所以搅拌的时候一定要细心，这也是提取可口咖啡的重要环节。

滤网过滤器的安装方法

把滤网当作过滤器的时候

使用滤网过滤的时候，绒毛可以阻止咖啡粉中被磨得很细的粉末，起到除去杂味的作用，使提取的咖啡口感更加醇正。双面滤网容易被细粉堵塞，所以选择单面滤网就可以了。将滤网固定在铁网上的时候一定要固定得非常紧，关键是不要产生缝隙。如果固定得不够牢固，就会直接影响到咖啡的口感。为了提取醇正的咖啡，必须重视滤网的保养。使用过的滤网要用清水清洗，洗干净的滤网要放入冰箱内保存。如果 2~3 天的时间里没有使用滤网，则需要煮沸之后再使用。

虹吸壶的保管和清洗的方法

虹吸壶使用完之后分离时不要太过用力，揭开连接环之后轻轻地敲打上壶的底部很容易就可以分离。如果上壶和下壶不太干净的话，使用中性清洁剂清洗干净。虹吸壶易碎，所以清洗的时候一定要很小心。

5. 摩卡壶

Moka Pot

便携式意式咖啡机

即使没有意式咖啡机，也可以用便携经济型的家用摩卡壶随时随地享受意式咖啡。摩卡壶是两层结构的咖啡壶，处于下方的下座是装水的部分，位于上方的上座是装提取咖啡的部分，而夹在中间的是装咖啡粉的粉槽。下座装满水之后加热水蒸气就会向上蒸发，通过粉槽中的咖啡粉最后在上座形成意式咖啡。摩卡壶是 1933 年意大利人阿方索・比亚莱蒂（Alfonso Bialetti）研发出“摩卡意式咖啡”之后开始出现的。摩卡意式咖啡是直接将咖啡壶放到火上进行加热提取的咖啡，十分受人们喜爱。摩卡壶的主要制作材料是铝，铝具有很好的导热性，可以很快地提取出非常浓醇的咖啡，此外还有不锈钢材质和陶瓷材质的。由于提取时压力比较小，所以通过这个方式提取的意式咖啡大大减少了它特有的咖啡油，但是依然具有厚重的口感。

调制可口的摩卡壶咖啡

工具和材料：摩卡壶（2 人用）、较深的中度烘焙程度的咖啡豆磨成的咖啡粉 14g 左右（2 人份）、热水 90mL

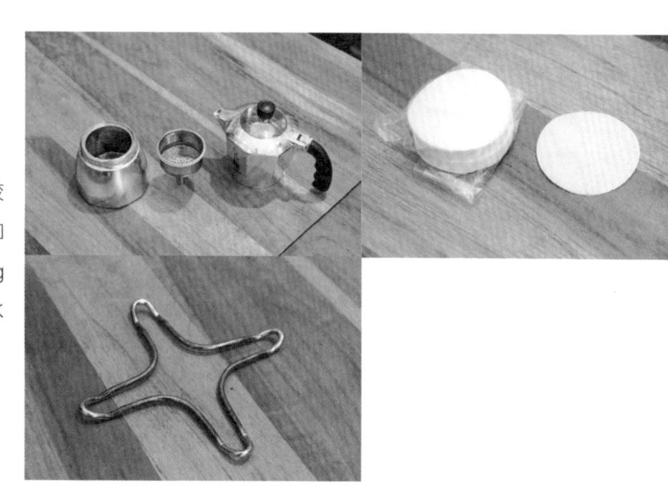

1. 装入咖啡粉

将磨好的咖啡粉用计量勺装入粉槽中，再用勺子向下压平。

2. 将热水倒入咖啡壶的下座

凉水煮沸需要消耗很长的时间，无法用最快的速度进行提取。

3. 固定粉槽

将装满咖啡粉的粉槽安装到咖啡壶下座上。

4. 将咖啡壶的上座与下座连接起来

小心地拿起装满热水的咖啡壶下座，然后连接到咖啡壶的上座上，检查是否出现水蒸气或热水往外溢出的现象。

5. 放到火上进行加热

将三脚架放到煤气灶上面，再把组装好的摩卡壶放到三脚架上面。用中火加热3~5min，出现咖啡往外溢出的现象时，调小火力。当提取完所有的咖啡后，出现沸腾的现象时关火。

6. 完成

从三脚架上拿下摩卡壶之后，用冷水浸泡过的毛巾裹住咖啡壶的下座，就会很容易分离出来。此后再将提取好的咖啡倒入事先加热过的咖啡杯中。

摩卡壶成功提取的重点

1. 粉槽要装满咖啡粉并压实

摩卡壶的粉槽要装满，然后再用底部比较平的工具将其压平压实。压得比较均匀的咖啡粉通过过滤器之后形成的咖啡具有更均匀的口感。

2. 水量要适当

摩卡壶下座有个小孔，这个小孔起着蒸汽阀的作用，倒入的热水要达到其下方标记的线为止。

3. 咖啡粉要磨得比较细腻

摩卡壶是短时间内提取咖啡的工具，所以咖啡豆一定要磨得非常细腻。

4. 注意把手

当摩卡壶的把手接触到火的时候很容易熔化，所以要注意避免把手直接与火接触。

5. 摩卡壶的上座与下座要连接得非常牢固

如果连接的时候存在缝隙，就会出现咖啡溢出的现象，所以咖啡壶的上座和下座一定要连接得很牢固。

演绎出不同口感的咖啡

Water Sugar Milk

调制出可口的咖啡不仅需要优质的咖啡豆，同时也需要恰到好处的烘焙程度以及熟练的手艺。除这些条件之外，还有一个不可忽略的要素，那就是提取咖啡时使用的水。要知道，我们喝的咖啡中 99% 的物质是水。优质的水需要具备的条件首先一定是新鲜的水，没有任何异味或颜色，含有适量的矿物质（30~200mg/L）和碳酸，但是要保证绝不能含有氯元素，水温则要保持在 10~15℃。

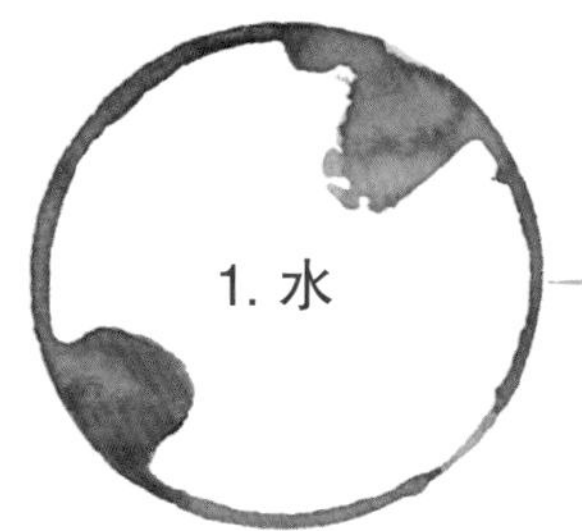

Water

不同的水，不同的咖啡味

调制出可口的咖啡不仅需要优质的咖啡豆，同时也需要恰到好处的烘焙程度以及熟练的手艺。可是即使如此也不能保证咖啡一定是优质的，因为除这些条件之外，还有一个不可忽略的要素，那就是提取咖啡时使用的水。要知道，我们喝的咖啡中99% 的物质是水。

优质的水需要具备的条件首先一定是新鲜的水，没有任何异味或颜色，含有适量的矿物质（30~200mg/L）和碳酸，但是要保证绝不能含有氯元素，水温则要保持在 10~15℃。

市面上卖的矿泉水有很多种，日常生活中我们也会经常听到有硬水和软水之分。

根据不同的硬度，水分为硬水和软水两种。水的硬度是以水中钙和镁含量（矿物质量）的数值来表示的，数值低的就是软水，反之就是硬水。

苦味的用硬水，清淡的用软水

硬水与软水，哪种水更适合调制咖啡呢？其实没有绝对的适合与不适合。我们查阅过很多有关咖啡和水的关系的文献，发现都是各持己见、众说纷纭。

咖啡的苦味具有在硬水中容易溶解于水的性质，有些人喜欢咖啡的苦味所以选择了硬水，这纯粹是根据个人的喜好来选择的。也有人说矿物质的含量达到 50~100mg/L 的弱硬水调制出的咖啡口感最佳，这也是个人喜好问题。喜欢口感清淡一些的人则更喜欢用软水提取咖啡。

除一般的硬水和软水之外，还有中硬水和硬度非常大的超硬水。现在市面上卖的矿泉水有硬水、软水、纯净水等，再加上家庭用的自来水，我们一一进行了比较，结果如下：

软水

矿物质含量 0~75mg/L
酸味与柔嫩的口感

软水调制的咖啡具有柔嫩的口感，但是降低了咖啡的香味，使咖啡的酸味更突出。

弱硬水和超硬水

弱硬水矿物质含量 75~150mg/L
超硬水矿物质含量 300mg/L 以上

硬水可以最大限度地突出咖啡特有的苦味，调制出浓浓的咖啡香和醇厚感。

中硬水

矿物质含量 150~300mg/L
醇厚感与苦味

硬度介于弱硬水与超硬水之间，酸味与苦味也在弱硬水与超硬水之间，也减弱了很多咖啡的其他口感。

自来水

自来水存在地区差异

根据当地自来水的情况与个人喜好，适当调制咖啡。

热咖啡是苦的！

提取咖啡时使用的水的温度也是左右咖啡口感的重要因素。水的温度越高口味就会越重；水的温度越低，可溶性成分提取得就会越少，相比之下口感也会淡很多。而且咖啡豆的状态不同，提取时使用的水的温度也不同。烘焙得比较轻的咖啡豆，内部组织比较紧实，同时可溶性成分也会少一些，所以调制咖啡的时候需要提高水的温度；如果是烘焙的程度比较重的咖啡豆，里面含有的可溶性成分也会很多，所以水温可以适当降低一些。

提取咖啡的时候首先将水加热到 100℃，然后将温度降低到适合提取咖啡的温度，再倒入磨好的咖啡粉中。最好是含有二氧化碳的水，而煮沸过一次的水不可再加热，因为这会导致咖啡的口感变差。

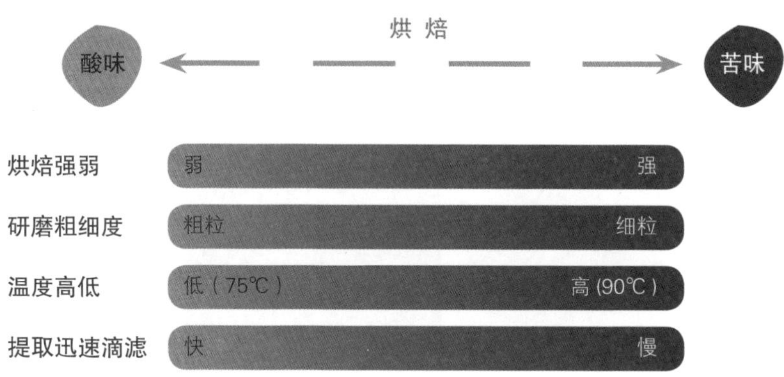

一般在 90℃以上的高温下咖啡的苦味会比较强，而在 75℃以下的低温时酸味比较强。倒入水的速度越慢苦味越强，越快酸味越强。

根据不同的口味调制的不同咖啡类型

普通咖啡
Standard

咖啡豆的特性适当地体现出来，苦味、酸味和嫩滑感均衡的标准型咖啡。提取速度也是标准速度。

中度烘焙

不粗不细的颗粒

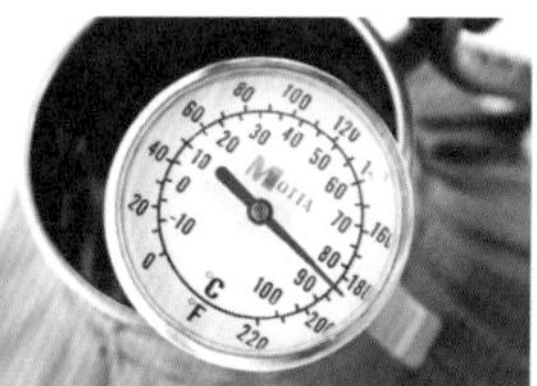
中温（85℃）

美式咖啡
American

清爽的酸味与浓浓的咖啡香，推荐给不喜欢浓咖啡的人们。

弱烘焙

粗颗粒

高温（90℃）

欧式咖啡
European

具有强劲的苦味与浓浓的咖啡香气，在欧洲等地的咖啡馆中最常见，适合混入牛奶一同饮用。

强烘焙

小颗粒

低温（80℃）

咖啡与水的结合

不同种类的水能让咖啡发生多大的变化呢?

不妨实际去品尝软水和硬水调制出的咖啡。

用软水调制的咖啡具有咖啡原有的香气与口感，喝起来具有非常柔和的感觉；用硬水调制的咖啡具有较强的苦味。要根据不同的需求选择适合的水。

软水 Soft Water

矿物质含量 0~75mg/L

韩国的自来水和市场中销售的矿泉水，大部分属于矿物质含量较少的软水。济州三多水、Jinro-seoksu等品牌的矿泉水中矿物质的含量为5mg/L，这种程度的含量属于偏低的范围。由于矿物质含量比较少，所以影响咖啡口感的可能性很小，实验结果也证明用这种水调制的咖啡非常柔滑。

济州三多水

济州火山岩磐水

数据

钙：2.2~3.6 mg/L

镁：1.0~2.8mg/L

钠：4.0~7.2mg/L

钾：1.5~3.4mg/L

氟：0

pH 值：7.5~7.8

矿物质含量：21~23mg/L

Jinro-seoksu

数据

钙：15.0~49.6mg/L

镁：1.7~5.7mg/L

钠：2.1~9.2mg/L

钾：0.8~2.4mg/L

氟：0~0.6mg/L

pH 值：7.5~8.0

矿物质含量：70~80mg/L

中硬水 Middle Hard Water

含有少量的矿物质，比软水稍微硬一些，因此调制出的咖啡酸味和苦味混合得非常协调，能体现出非常均衡的口感。

弱硬水　矿物质含量75~150mg/L

Bluemarine

海洋深层水

数据

钙：6~9mg/L

镁：20~25mg/L

钠：6~10mg/L

钾：5~8 mg/L

pH 值：6

矿物质含量：110mg/L

中硬水　矿物质含量150~300mg/L

金川含锗的泉水——Healthyon

锗原矿石绢云母层岩磐水

数据

天然锗：60mg/L

钙：36.4mg/L

镁：19.5mg/L

钠：13.7mg/L

钾：2.9mg/L

氟：0.3mg/L

pH 值：7.6~8.1

矿物质含量：160mg/L

Aqua Pacific

数据

钙：33~39.5mg/L

镁：16mg/L

钠：12.4mg/L

钾：0

氟：0

pH 值：7.5

矿物质含量：250mg/L

让自来水也变得可口

韩国的自来水是软水，但是自来水中含有的怪味会影响咖啡的香气与口感。为了消除自来水中的这种味道，人们会用净水器过滤或进行充分的煮沸。还可以放入活性炭消除水中含有的氯元素。使用很久的自来水管道会把铁元素溶进水里，而铁元素会与咖啡中的单宁酸结合，对咖啡的色泽与口感产生非常不好的影响，所以尽量避免使用自来水。在首尔市我们推荐使用经过高度净化处理的自来水。

矿物质含量（mg/L）：钙 8~26、钠 2~14、镁 1~6、钾 1~14

超硬水 Hard Water

欧洲等的矿泉水大多属于硬水。由于水里含有很多容易与咖啡发生反应的成分，所以能够调制出咖啡的苦味。所以喜欢咖啡口感强劲、刺激的话，超硬水是最佳的选择。

oksem

江原道岩磐水

数据

钙：53.65mg/L
镁：12.52mg/L
钠：1.676mg/L
钾：1.07mg/L
硅：6.925 mg/L
硫：4.427mg/L
pH 值：7.8
矿物质含量：209mg/L

依云矿泉水（evian）

具有世界知名度的中硬水中的典型品牌。产自法国依云小镇，背靠阿尔卑斯山，面临莱芒湖（日内瓦湖）。属于中硬水，其中钙和镁的含量形成了非常微妙的平衡关系。

数据

钙：8 mg/L
镁：26 mg/L
钠：7mg/L
钾：0
pH 值：7.2
矿物质含量：304mg/L

Contrex

韩国市场中还没有这个品牌的矿泉水，是众多矿物质水中硬度最高的一款，其数值达到了 1468mg/L。它来自法国孚日山脉 (Vosges) 的一个小镇，水里含有丰富的钙元素和镁元素。

数据

钙：468mg/L
钠：94mg/L
镁：84mg/L
钾：3.2mg/L
pH 值：7.4
矿物质含量：1468mg/L

Sugar

2. 砂糖

增加咖啡的甜润

咖啡中减少苦味、增加甜润感的砂糖，种类多得让你想象不到。砂糖是人类发明的最早的甜味剂，是利用热带地区生长的甘蔗和温带地区生长的甜菜提取出来的。砂糖是把从原料中提取的糖原通过一系列的过滤与净化过程，得到结晶后再进行干燥制作而成的。

第一次经过圆心分离后会得到含糖度高的白砂糖，重复这种圆心过滤的操作，依次得到的是含水量较高而颜色较深的黄糖和红糖。白砂糖与黄糖或红糖相比，除具有较高的含糖度和醇度之外，几乎没有其他成分。与白砂糖相比，黄糖和红糖虽然没有很高的含糖度，但是含有丰富的矿物质元素。

砂糖的种类

咖啡调糖

咖啡调糖是在冰块形状的砂糖中混合了焦糖（caramel）溶液使其变成棕色的一种糖，其特点是很慢的溶化速度。

营养成分（每 100g）

热量	1657kJ	脂肪	0
饱和脂肪酸	0	糖类	98g
胆固醇	0	蛋白质	0
钠	10mg		

白砂糖

属于最常见的糖类，其含糖量非常高。易溶于水，没有任何杂味，并且很甜，因此不会影响咖啡的口感。

营养成分（每 100g）

热量	1674kJ	钠	0
糖类	100g	脂肪	0
蛋白质	0	饱和脂肪酸	0
胆固醇	0	转化脂肪	0

黄糖

具有原料中含有的矿物质元素，所以可以突出口感嫩滑的咖啡或比较高浓度的意式咖啡的独特口感。

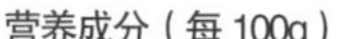

营养成分（每 100g）

热量	1657kJ	饱和脂肪酸	0
糖类	99g	转化脂肪	0
胆固醇	0	蛋白质	0
钠	10mg	脂肪	0

有机蔗糖

Unrefined Organic Golden Light Cane Sugar

棕色砂糖 / 巴西

营养成分（每 100g）

热量	1665kJ	钠	10mg
磷	10mg	钾	90mg
蛋白质	微量	钙	100mg
糖类	99.5g	镁	20mg
脂肪	0		

红糖

是通过直接熬甘蔗的汁液制作而成的砂糖，属于含蜜糖的一种，含有很多杂质，含糖度是 85% 左右，具有很独特的香味。

印第安纳州未精制有机黑棕糖

Indiana Unrefined Organic Black Brown Sugar

其他种类 / 巴西

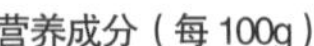

营养成分（每 100g）

热量	1544kJ	钠	40mg
脂肪	0	蛋白质	0
转化脂肪	0	钙	70mg
饱和脂肪酸	0	胆固醇	0
糖类	90g		

天然有机红糖

Açucar Organica Demerara

棕色砂糖 / 巴西

营养成分（每 50g）

热量	837kJ	饱和脂肪酸	0
糖类	50g	转化脂肪	0
脂肪	0	蛋白质	0

方糖

白糖

白砂糖、方糖

PURE CANNE / White Rough-cut Cubes

营养成分（每 100g）

热量	1700kJ	膳食纤维	0
蛋白质	0	钠	0
糖类	约 100g	镁	20mg
脂肪	0		

黄糖

棕色砂糖、方糖

PURE CANNE / Amber Rough-cut Cubes

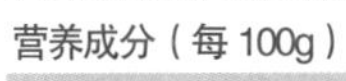

营养成分（每 100g）

热量	1700kJ	膳食纤维	0
蛋白质	0	钠	1mg
糖类	约 100g	镁	20mg
脂肪	0		

其他

白砂糖

一杯咖啡（100mL）中加入 1g 白砂糖

营养成分（每 100g）

热量	1657kJ	钠	29mg
糖类	98g	饱和脂肪酸	0
蛋白质	0	转化脂肪	0
胆固醇	0	脂肪	0

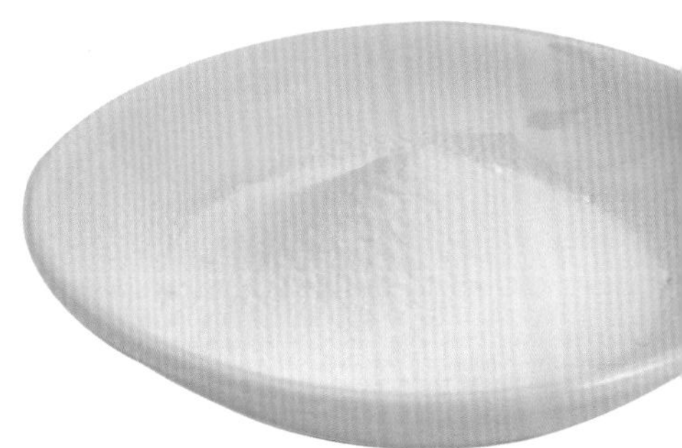

咖啡与糖——制造香滑口感的最佳搭配

砂糖能起到突出咖啡爽滑感的作用，使咖啡的特性更加鲜明。让我们了解一下咖啡与不同砂糖之间的绝妙组合吧。

蓝山咖啡等含有独特香气的咖啡 ｜具有独特香气和细腻口感的咖啡,适合加入高纯度的白砂糖。

摩卡等含有酸味的咖啡 ｜喜欢咖啡酸味的人可以加入咖啡调糖或白砂糖，不喜欢摩卡咖啡中酸味的人可以加入黄糖或红糖，因为它们可以减弱咖啡的酸味。

冰咖啡 ｜可以加入液态的糖，使其更好地与咖啡混合。

黄糖的另一种风味

砂糖分为细砂糖和含蜜糖两种。从原料中提取的高纯度的砂糖属于精制糖，保留了原料中的矿物质成分和蜂蜜成分的砂糖叫作含蜜糖。黄糖属于含蜜糖。咖啡店或卖咖啡的地方准备的一般都是白砂糖，其实原因很简单，白砂糖属于精制糖，加入到咖啡中不会产生任何杂味。但是具有柔滑感的意式咖啡需要加入的是黄糖，因为黄糖具有提高咖啡风味的作用。现在让我们通过黄糖享受咖啡的另一种风味吧。

Cream and Milk

3. 奶脂与牛奶

咖啡的另一半——奶脂与牛奶

虽然黑咖啡的口感也很好，可是如果咖啡中加入一点牛奶或奶脂的话，可以品尝到另一种口味。奶脂或牛奶可以中和强劲的咖啡味或酸味，形成非常柔滑的口感。加入咖啡中的材料包括非常容易购买的液态奶脂，无食品添加剂、对身体有益的鲜奶油，不需要冷藏的低热量奶脂粉末，以及常见且营养价值很高的牛奶、保存性能良好的炼乳等非常多的种类。

好的奶脂能更好地溶解到咖啡中。液态奶脂倒入咖啡的瞬间会先沉到下面然后再浮上来，很快就可以溶解到咖啡中。粉末状奶脂不会出现成团的现象。如果由于保存不当或时间太久而出现变质的情况，奶脂会分离并漂浮到咖啡的表面。

液态奶脂

咖啡馆中会经常看到装在小型容器内的液态奶脂，主要成分是植物性油脂和奶脂，用起来非常方便。它是为了代替鲜奶油而产生的，由于受到很多人的关注，所以随处都能买到。

鲜奶油

鲜奶油是用鲜牛奶制作的，不含任何食品添加剂，加入咖啡中会中和咖啡的苦味，形成非常均衡清淡的口感。它是既能保持醇正的口感又能保护身体的奶脂。

牛奶

与鲜奶油一样不含任何食品添加剂，所以非常安全。在家调制欧蕾咖啡时必不可少的就是牛奶，与鲜奶油相比，牛奶少了点萦绕在口中的黏稠感。在咖啡中加入牛奶会减轻咖啡的苦味，牛奶中的脂肪含量越多，乳糖的成分也会越高，因此会带有甜味。低脂牛奶会出现比一般的牛奶更多的泡沫，所以适合初学者使用。

甜炼乳

炼乳中加入了砂糖，因此本身就具有甜味。这里需要强调的是不需要添加太多的砂糖。炼乳可以给咖啡增添非常独特的风味，浓浓的糖分可以起到抑制细菌繁殖的作用，所以具有很好的保存性能。

粉末状奶脂

可以说这个类型的奶脂是速溶咖啡的最佳伴侣。由于这种粉末状的奶脂不需要冷藏，所以保存起来非常方便。它减弱了咖啡的苦味和酸味，因此提高了咖啡的嫩滑感，口感非常好。由于颜色与奶粉非常相似，所以我们很可能会认为它的主要成分是牛奶，可是实际上里面并不含牛奶的成分。它的主要原料是植物性油脂，属于一种低热量的经济型产品。

咖啡伴侣的特征

种类	原料	添加物	特征	
			价格	口味
奶脂（乳制品）	乳脂肪	无	偏高	香浓
牛奶或乳制品	乳脂肪	乳化剂、稳定剂	偏高	香浓
	植物油脂＋乳脂肪	乳化剂、稳定剂	中等	半香浓
	植物油脂	乳化剂、稳定剂	偏低	清淡

工具

调制咖啡的工具，有高品质且昂贵的，也有性价比较高的。对于初学者而言，首先需要购买咖啡过滤器和咖啡壶。想调制出香味俱全的咖啡，还需要准备咖啡研磨机。一点点补充所需的工具，就越来越靠近咖啡人生了。参考书中介绍的工具，寻找所需的物品。选择咖啡工具的时候首先要考虑使用寿命，越长越好。只要具备了适合自己需要的咖啡工具，每天都可以享受幸福的咖啡时光。

Tools

咖啡时光的忠实助手

即使你选择的咖啡豆是最优质的，如果想调制出一杯可口的咖啡，也必须具备适合的咖啡工具。现在市面上已经出现设计感十足的非常美丽的咖啡工具，只要我们了解这些工具并掌握其使用方法，完全可以调制出美味的自制咖啡。

调制咖啡的工具，有高品质且昂贵的，也有性价比较高的。对于初学者而言，首先需要购买咖啡过滤器和咖啡壶。想调制出香味俱全的咖啡，还需要准备咖啡研磨机。一点点补充所需的工具，就越来越靠近咖啡人生了。参考书中介绍的工具，寻找所需的物品。

选择咖啡工具的时候首先要考虑使用寿命，越长越好。只要具备了适合自己需要的咖啡工具，每天都可以享受幸福的咖啡时光。

磨咖啡豆

研磨机：用来研磨咖啡豆的工具，分为手动式和电动式两种。

提取咖啡

咖啡壶：用来装提取咖啡时使用的热水，出水口非常细长是这种壶的特点。一般的水壶很难控制水流的大小。

咖啡过滤器：咖啡过滤器的价位比较低廉，初学者也可以购买，享受醇正的咖啡。需要非常细心地将热水倒入咖啡过滤器中，这是重点。

壶：用来装过滤后滴落下来的咖啡提取液。

法式压滤壶：可以过滤出很浓的咖啡，是法式咖啡的提取工具。适合调制欧蕾咖啡，不需要再单独准备咖啡过滤器，只需要用热水长时间地泡研磨好的咖啡粉，是一种能提取出咖啡最初口感的方式。

煮咖啡器：使用方便，只需摁一下按钮就可以轻松调制出一杯可口的咖啡。
适合饮用量很大的人或很多人一同饮用，市面上也有些产品还具有烘焙和研磨功能，性价比很高。

意式咖啡机：将高度烘焙后的咖啡豆研磨得很细，然后用高温的蒸汽和压力提取咖啡。意式咖啡机分手动式、半自动式、自动式和完全自动式等种类，还有一种是适合家庭用的高性能咖啡机。

1. 咖啡豆研磨机

Grinder

咖啡豆研磨机是用来研磨咖啡豆的工具。它会将咖啡豆磨得很细腻，使里面的二氧化碳都散出去，然后再倒入适当温度的热水使咖啡粉迅速地吸收水分，使水中融入咖啡具有的香味和各种成分，变成一杯散发着香气的咖啡。咖啡研磨机分为手工旋转的手动式和利用电能运转的电动式两种。研磨咖啡的部分有刀刃形、圆锥形、波面形、螺旋形等。选择咖啡研磨机时需要考虑研磨的咖啡颗粒是否均匀、研磨的过程中是否产生高温现象、粉碎的速度是否适合、保管与清洁是否便利等各种因素。最重要的是咖啡豆一定要在提取咖啡之前现磨。

调节螺钉：手动式研磨机是通过调节螺钉来控制咖啡粉的粗细度的，而电动式研磨机则通过刻盘或刻度调整咖啡粉的粗细度。

把手：旋转把手时里面的刀刃也会开始旋转，使咖啡豆磨成粉状后掉到下面。保持固定的速度并细心地搅动，是磨出均匀的咖啡粉的重点。

盖子：研磨时防止咖啡豆迸出研磨机外部。

刀刃：手动式研磨机是通过精巧的刀刃研磨咖啡豆的，所以不会出现因为摩擦生热而失去咖啡香气的可能性。

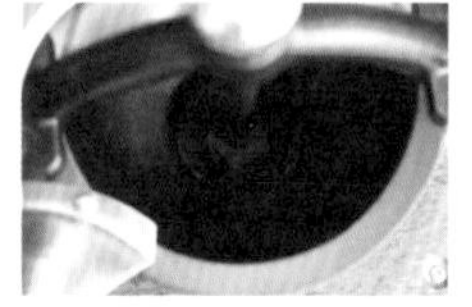

抽屉：手动式研磨机磨出的咖啡粉会掉落到底座的小抽屉中，而这个小抽屉的容量就是一次可研磨的咖啡豆的量。

手动式研磨机

手动式研磨机是通过手工旋转研磨机的把手，使里面的咖啡豆变成粉末状的工具。里面的刀刃有圆锥形和刀刃形。每次研磨咖啡豆时，通过上面的调节螺钉调节所需的咖啡粉粗细度。虽然这种研磨机的价格比较低廉，可是也有磨不匀的缺点。

Kalita 手动式研磨机 KH3

Melitta 手动式研磨机 0503

Porlex 陶瓷刀盘手动式研磨机

Kalita 手动式研磨机 KH5

电动式研磨机

用起来简便，还可以按照自己的需要控制咖啡粉的粗细度，研磨得非常均匀。

Fuji Royal 电动式研磨机 R-220

咖啡容器

控制研磨量的计时器：根据需要调整咖啡豆的量。

装咖啡粉的盒子

转盘：调整咖啡粉的粗细度。

Petra 电动式研磨机

2. 滴滤咖啡壶

Drip Pot

滴滤咖啡壶是往磨好的咖啡粉上倒热水时使用的专用水壶。这种壶与一般的水壶相比出水口比较细长狭小，这是因为只有这样才能更好地控制水的流量。市面上的滴滤咖啡壶设计多样，它们在手工调制咖啡时起着非常重要的作用。最常用的材质有铜、搪瓷、不锈钢等。

Kalita 铜壶 900

把手：滴滤咖啡壶的把手设计多样，按照个人的喜好选择适合自己的。

出水口：提取咖啡的时候从头到尾可以保持一定的流水量，并且可以调节水流。在整个过程中起着非

Kalita 滴滤咖啡壶的容量有 0.7L、1.2L、1.6L 等。

Kalita 鹅鹕壶 1.0L

出水口很像鹅鹕的喙，所以称作鹅鹕壶。这种壶的出水口会向前延伸出一部分，因此适合用滤网过滤咖啡的时候使用。

Olivia 咖啡壶 0.9L

Dripper

咖啡过滤器是指放入滤纸之后再放入磨好的咖啡粉，然后再倒入热水进行过滤的工具，是手工调制咖啡时必不可少的一种工具。1908 年德国人梅莉塔（Melitta）女士发明了这种过滤器，之后日本人也发明了很多形态的过滤器。其材质有塑料、陶瓷、铜、不锈钢等，大小也分为 1~2 人用、3~4 人用、5~8 人用等许多种。过滤器的基本构造虽然类似，但是在大小、内部构造和过滤口的结构等方面都有所差异。现在使用较多的咖啡过滤器类型有 Melitta、Kalita、KONO、Hario 和滤网等。

Melitta 咖啡过滤器

Melitta 咖啡过滤器底部中间有一个小孔，也正是因为这个小孔，热水才会在滤纸里面停留较长时间，这使得我们能够慢慢地提取出咖啡粉中的咖啡成分，喝起来口感也会更丰富一些。

提取量：1×1（1~2 人用）、1×2（2~4 人用）、1×4（4~8 人用）、1×6（6~12 人用）

把手：为了过滤的时候更方便，在旁边设计了一个把手便于移动。

内部的沟渠结构：这种沟渠可以使滤纸和过滤器之间产生一点空隙，便于通气，使咖啡更好地滴落。

滴落口：分为 1 个、3 个、圆锥形等类型，我们可以按照不同咖啡的特性调节过滤的时间。

材质：陶瓷、塑料、不锈钢、铜等多种。

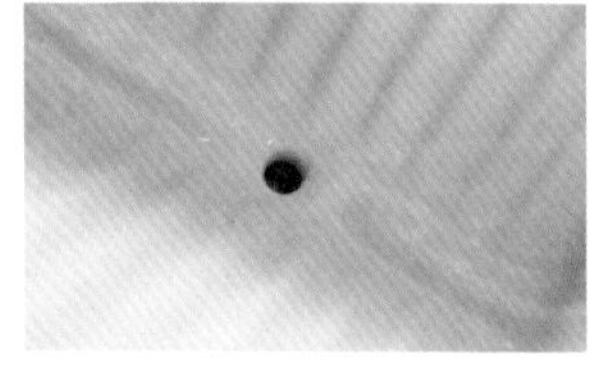

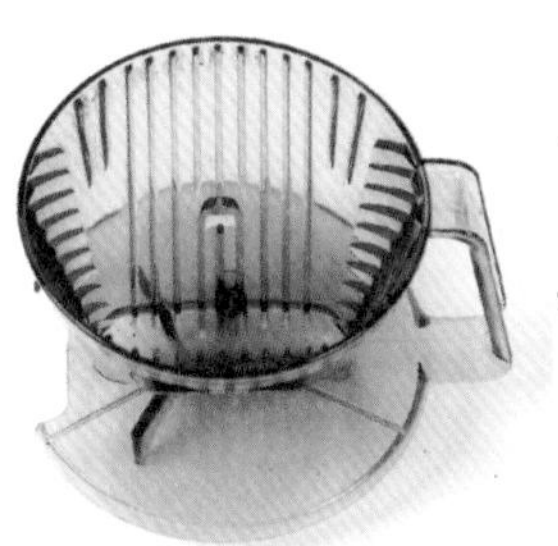

Melitta Aroma 咖啡过滤器

这种过滤器的滴落口在底部偏于边缘的位置。这种过滤器需要使用专门为其设计的 Aroma 滤纸，这种滤纸中不含黏合剂，缝制线也是双重的，表面有很多微小的孔（直径 0.3mm 左右）。

滤泡壶 Chemexs

它是咖啡壶与过滤器的统一体。在一位德国科学家的提议下，它看起来像是把三角形烧杯和圆形烧杯组合在一起的感觉，是非常有品位和设计感的产品。需要先加热 30~40s 的时间后，再慢慢地倒入热水进行过滤。可以享受到咖啡原有的丰富口感和香气。

材质：玻璃

提取量：分为 3 杯或 6 杯用

滤杯 KONO

这是一种比一般常见的过滤器稍大一些，底部中心只有一个小孔，形状是圆锥形的产品。可以提取很浓的咖啡。

材质：陶瓷。先用热水对其进行充分加热后再提取。有些产品是用塑料制作的

提取量：MD（1~2 人用）

MD 41（3~4 人用）

MD 11（10 人用）

历史最悠久的咖啡过滤器

最先饮用咖啡的地区是阿拉伯地区。在穆斯林的世界中，用于煮咖啡粉然后饮用的器具被人们称作伊芙利克咖啡壶（Ibrik Cezve）。

过滤器 Kalita

Kalita 制作的咖啡过滤器有 3 个滴落口。铜质的过滤器虽然保管的时候比较麻烦，但是具有很好的保温性和传热性能，而且这种材质的过滤器设计都很美观，只是价位也相应地偏高一些。

材质：塑料、陶瓷、铜等多种

提取量：101（1~2 人用）、102（2~4 人用）、103（4~7 人用）、104（7~12 人用）

过滤器 Hario

大体呈圆锥形，将热水倒入咖啡粉中，热水会流向圆锥形的顶点。这种过滤器还可以提取出咖啡的甜味。

材质：陶瓷、塑料。塑料材质的过滤器比较轻便，价格也很低廉，但是由于温度的变化比较大，所以保温性能较差。由于这种材质的过滤器是透明的，所以我们可以观赏整个提取过程

提取量：01（1~2 人用）、02（2~4 人用）、03（4~6 人用）

Server

咖啡壶是用来装过滤咖啡的工具。一般采用透明的玻璃材质，这使得我们可以看到提取的咖啡的量，而且壶上都有刻度。它的容量是 300~1200mL。

Melitta 咖啡壶

出口：为了使咖啡倒起来更方便，每个公司设计的形状都是不同的。

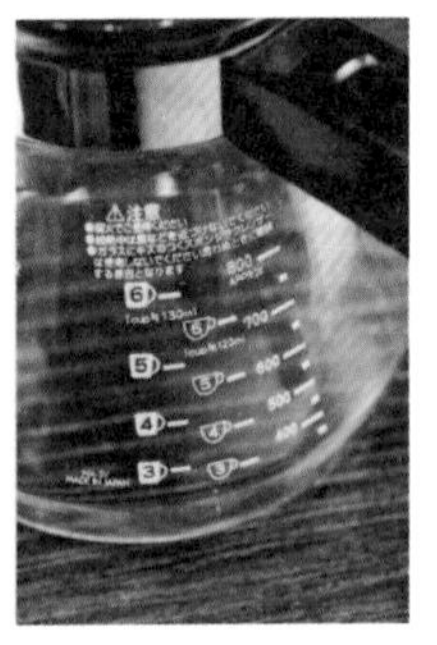

刻度：可以观察出咖啡的提取量和浓度。

Melitta 新型咖啡壶 500

握起来非常顺手，600mL 与 800mL 的壶可以互换壶盖，十分便利。

材质：塑料、玻璃、不锈钢

Hario 咖啡壶 XGS-80TB

多为耐热性玻璃制作，是具有非常独特的曲线设计的咖啡壶。

材质：硅胶、玻璃、不锈钢

KONO 咖啡壶 MD22

耐热性强，与其他公司的产品不同的是，壶口的玻璃会一直延伸到壶盖以上，使用起来更顺手、更方便。

材质：耐热性玻璃、塑料、不锈钢

容量：300mL

Kalita 101 咖啡壶

使用最广泛的一款，可以与其他公司设计的过滤器一同使用。具有时尚的设计和简约的风格。

材质：耐热性玻璃、塑料

容量：300mL

French Press

由玻璃材质的圆筒以及带有把手的压缩器构成，连接着过滤器和把手的管子贯穿了壶盖。玻璃容器上的刻度代表着可以提取的咖啡的量。法式压滤壶不仅提取咖啡比较便利，在家调制卡布奇诺、制造奶沫或泡茶的时候也很方便。提取咖啡的时候先放入咖啡粉，然后倒入热水再摁下去就可以了，是一款用起来非常便利的工具。因为法式压滤壶可以凸显出咖啡具有的独特口感，因此试饮的时候也会用到法式压滤壶。

Hario 双重玻璃咖啡压滤壶 CPW-25V

聚拢形设计，因此倒在咖啡粉上的热水会从两边聚集到壶的中心部位，提取咖啡中含有的成分。使用起来非常简便。

容量：480mL

压缩器：与过滤器一体的把手，提取咖啡的过程结束后向下压会停止提取咖啡。

过滤器：金属制的过滤器可以细微地调节咖啡的口感。清洗的时候过滤器可以拆解。

Bodum Chambord 咖啡压滤壶

再现了 1950 年在巴黎非常流行的煮咖啡器。将热水倒在咖啡粉上，经过 3min 后向下压。

容量：350mL

Bodum Eileen 咖啡压滤壶

非常有名的设计家艾琳・格雷（Eileen Gray）亲自设计的产品系列。容量：0.8L

Hario 咖啡压滤壶修长版 CPS-2

属于 Hario 公司生产的产品系列，附带着使用说明，所以非常适合对于咖啡压滤壶不熟悉的人，紧凑的设计感和低廉的价格也是吸引人的一大特点。

容量：240mL

Coffee Maker

6. 煮咖啡器

用电动式完成滴滤过程的器具，设计也非常多样。操作方法非常简单，提取咖啡的时间非常短，而且还具有保温的功能，随时都能喝到热的咖啡。但是保留咖啡豆原有的香气和口感方面稍微欠缺一些。打开摆动过滤器（swinging filter），倒入一点热水浸泡咖啡粉，然后再进行提取，就可以享受到丰富的咖啡香味。

德龙 (Delonghi) EMKE42.R

利用下方煮沸水后产生的压力，使水蒸气通过上方装满咖啡的粉槽，是这款咖啡机运作的原理。意式咖啡的提取和水量的加入可以自行控制。

德龙 ICM60

选用的是金属过滤器，解决了每次都要更换滤纸的问题。通过调节咖啡香的 Aroma 按键保持了咖啡原有的口感。

7. 意式咖啡机

Espresso Machine

这是一款让你在家就能品尝到地道意式咖啡的机器。家庭用的意式咖啡机首先需要满足的条件是保管和清洁要方便，使用起来也比较轻松。使用外部的咖啡研磨机进行研磨后，机器内部安装了手动填充咖啡并进行提取的手动式装置，以及一键就可以全自动提取咖啡的自动式部分，让人爱不释手。具备提取咖啡时所需的抽水机、传感器、阀门和研磨机等装置的部分就是自动式区域。

德龙 EC0310.B

不仅外观设计得非常美观多样，外部的高光铬合金处理也使这款机器显得非常夺目。与全自动咖啡机相同的是蒸汽喷嘴，因此提取的咖啡具有丰富而又均匀的咖啡泡沫和极好的口感。此外，这一款机器还安装了可以单独调控蒸汽温度和水量的两个装置。

JURA IMPRESSA C9 OTC

非常简约的一键就能做出卡布奇诺的机器，只要摁一下按键就能将牛奶和咖啡装入一个杯子里。这款咖啡机可以调节咖啡和牛奶的量、浓度，还可以自动关闭。

德龙 EC200CD.B

可以调节蒸汽的强度，制造出所需的丰富的奶沫，优点是内部安装了调制卡布奇诺的系统。

Bialetti 可用火加热的意式咖啡机

可以在家中利用蒸汽产生的压力调配意式咖啡的工具，可以放到煤气灶上进行加热并提取咖啡。这款咖啡机有复古式的设计也有现代的设计，因此有些人喜欢收集这种产品。摩卡壶提取的咖啡喝起来虽然没有那么细腻，但却具有最古典的特定香味。

8. 咖啡杯

Cup

咖啡杯的艺术世界

咖啡属于奢侈品。咖啡本身的质量很重要，同时，喝咖啡的环境也是非常有讲究的。处在非常有氛围的环境中，与朋友一同喝着可口的咖啡，观赏着具有艺术感的咖啡杯，想想都会让人觉得非常惬意。

高级陶瓷品牌的喝红茶时使用的茶杯和咖啡杯是有区别的。咖啡专用的杯子杯身比较高，而喝红茶时使用的茶杯就像向日葵一样，扩散的面积比较大一点。这是由于喝红茶时使用的杯子，相比保温性能更重要的是体现红茶的色泽。

选择咖啡杯的要点

要点 1　喝意式咖啡使用的杯子要考虑其保温性能

杯身比较厚的咖啡杯具有较好的保温性能，长时间地慢慢品尝咖啡时非常适合使用这样的杯子。由于意式咖啡的苦味非常强劲，而且温度越低其苦味就会越强，所以适合使用保温性能较好的杯子。一杯意式咖啡的量是 30mL，由于咖啡的量非常少，所以降温的速度也会很快。为了使意式咖啡保温的时间能更长久，所以必须选择杯身比较厚实的咖啡杯。

要点 2　隐藏在咖啡杯中有关味觉的秘密

咖啡杯越往上越往外扩张，而这样的形状与味觉神经的分布有关。舌头的左右两边可以感受咖啡的酸味，而舌头的中间部分可以感受到咖啡中的苦味。所以边缘部分设计宽一些的话咖啡在嘴里容易向左右两边扩散，可以更好地感受咖啡的酸味。如果用底部和上部一样宽的直线形杯子喝咖啡的话，咖啡会以直线的形式直接进入食道中，我们尝到的咖啡就会有非常强劲的苦味。

咖啡杯的种类

传统咖啡杯120~140mL

这种咖啡杯是最常见的类型，适合任何一种咖啡。

小型咖啡杯60~80mL

“demitasse”是指“很小的杯子”，它适用于苦味非常强劲的意式咖啡，也适合饭后少量饮用咖啡的时候使用。意式咖啡需要咖啡杯有较好的保温性，因此这种咖啡杯设计的时候杯身比其他一般杯子要厚实一些。为了防止咖啡杯被打翻，所以咖啡杯的底盘设计时中间部分向下凹进去一点。

中型咖啡杯80~100mL

容量介于小型咖啡杯和传统咖啡杯之间，适用于双份浓缩意式咖啡。

一般咖啡杯160~180mL

适用于口感清爽的美式咖啡或牛奶咖啡。

欧蕾咖啡杯300mL

牛奶咖啡专用的没有把手的杯子，形状有点像家用的饭碗，是这款杯子的特点。

马克杯 180~250mL

带有把手的咖啡杯中最大的，适用于口感比较清淡的美式咖啡。

Special Coffee Items

咖啡中的很多成分易溶于热水，所以水温在 90~95℃时提取的咖啡口感是最佳的。如果用凉水提取咖啡的话，相应的提取时间会长一些，而且用凉水提取的咖啡的口感和香气与用热水提取的咖啡截然不同。温度越低提取的咖啡因就会越少，所以低温提取适合对咖啡因比较敏感的人们。最热的夏季或者不想煮热水的时候，来一杯冰爽的荷兰咖啡如何？

演绎出
另the样的咖啡

1. 冰咖啡

Ice Coffee

炎热的夏季没有比一杯冰咖啡更冰爽的饮料了，现在就来亲手制作一杯市面上买不到的高品质的冰咖啡吧。

几种可口的冰咖啡

1. 香浓泡沫冰咖啡

具有浓浓的咖啡香气和强劲的苦味，这种类似透明的口感是咖啡的另一种魅力。即使使用的水是凉水，也可以快速地提取咖啡，而且即使咖啡粉的量比较少也能做冰咖啡。简单地说，冰咖啡是非常简单而又可口的咖啡饮品。

工具和材料（5~6 人用）：
经过深度烘焙的新鲜咖啡豆 60g（中研磨）、水 2L、咖啡过滤器、滤纸、1L 以上容量的咖啡壶 2 个

1. 将水倒入装有咖啡粉的容器中

将经过深度烘焙的中研磨的咖啡粉 60g 装入咖啡壶中，倒入 1L 的水（只需要少量的咖啡时，可以减少一半的量）。

2. 慢慢地搅拌

利用小木棒或者咖啡勺慢慢地搅拌 30s 左右，使水和咖啡粉混合得均匀一些。不用搅拌得太快，所以保持平稳的速度慢慢拌匀即可。如果混合得好，提取的咖啡成分也会很多，所以这一点我们要多留意一些。

3. 放置 10~60min

放置一段时间（放入冰箱更好），咖啡粉会出现膨胀的现象，但不会浸湿。如果放置的时间短一些的话，提取的咖啡比较爽口；如果放置的时间长一些的话，就会提取出口感浓醇、独特的咖啡。

4. 用滤纸过滤

最后轻轻地搅拌均匀后用过滤器过滤咖啡。按照个人的喜好往咖啡杯中放一些冰块，再把咖啡倒入咖啡杯即可。

重点

咖啡豆的研磨程度与调制热咖啡时的研磨程度是一样的，不用太过细腻，中研磨即可。调制冰咖啡时很讲究咖啡豆的品质和香气，所以要采用刚刚烘焙并经过深度烘焙过程的咖啡豆，并且一定要是自己喜欢的咖啡豆种类。

2. 瞬间冷却的冰咖啡

要想提取出咖啡原有的丰富口感与香味，缩短从提取到冷却的时间是最关键的。与其购买市面上销售的冷咖啡饮品，倒不如自己动手调制一杯爽口且有着清爽香气的冰咖啡。如果在这个基础上加入一点牛奶的话，就会变成冰镇欧蕾咖啡（Ice Café au Lait）。

工具和材料（4~5 人用）：
较大的过滤器、咖啡滤纸、经过深度烘焙的新鲜咖啡豆 50g、成块的冰（装满各个咖啡壶）、咖啡专用的水壶、热水（450mL 左右）

1 | 2
3 | 4

1. 装满冰块，固定过滤器

用冰块装满整个咖啡壶。将咖啡粉装入已经装好滤纸的过滤器中，左右摇晃使其表面平整。咖啡粉研磨得稍微细腻一些提取的效果会更好。

2. 浸泡咖啡粉

将 90℃左右的热水倒入咖啡专用的水壶中，在咖啡粉的中心部分以画圆的形式向外扩张，使咖啡粉均匀地浸泡在热水中。浸泡咖啡粉的时间要控制在 1min 以内，用来浸泡咖啡粉用的水量最好控制在有液体即将滴落到咖啡壶中的程度即可。新鲜的咖啡粉很容易出现膨胀的现象，选用的水最好是常温下口感也较好的水。将用水壶烧开的热水倒入咖啡专用的水壶中，使温度降至适合用来提取咖啡的温度即可。

3. 提取

从过滤器的中央部分开始慢慢地倒入热水，保持浸泡之前的形状。当提取的咖啡达到冰块的顶部时就要停止提取，因为当液体盖过冰块的时候我们就无法对提取的咖啡进行瞬间冷却了。

4. 清除冰块

如果直接饮用刚提取的咖啡的话，不需要清除里面的冰块，直接将咖啡壶中的咖啡倒入咖啡杯饮用即可。如果先保存一段时间后再饮用的话，就要首先将咖啡壶中的咖啡倒入过滤器中，使咖啡和冰块分离。咖啡和冰块分离前，先把过滤器清洗干净，然后再分离。

重点

瞬间冷却的冰咖啡氧化的速度很慢，所以可以长时间地保存起来以便随时饮用。但是如果装在有冰块的容器中保存的话，咖啡就会被冲淡，所以要清除里面的冰块后再进行保存。作为纯咖啡饮用也可以，加入牛奶调成冰镇欧蕾咖啡饮用口感也非常好，加入一些果汁的话孩子们也会非常爱喝。

5. 冷藏

存放在冰箱里的话，一两天之内可以享受到口感很好的咖啡。但是如果存放的时间过长，咖啡就会失去特有的清爽口感，这样就与超市中卖的冰咖啡口感无异了，所以还是尽快饮用比较好。如果将整个咖啡壶都放入冰箱存放的话，一定要盖紧咖啡壶的盖子。

消除滤纸的纸浆味

咖啡滤纸随处都能购买，重要的是要消除滤纸的纸浆味。如果想消除这种纸浆味的话，就需要让滤纸在过滤的时候畅通无阻。

将折好的滤纸放入过滤器中，再用咖啡专用的水壶将热水倒到滤纸上，使整个滤纸过滤一遍热水，这样可以消除滤纸中的纸浆味，希望大家可以试试。

Dutch Coffee

咖啡中的很多成分易溶于热水，所以水温在 90~95℃时提取的咖啡口感是最佳的。如果用凉水提取咖啡的话，相应的提取时间会长一些，而且用凉水提取的咖啡的口感和香气与用热水提取的咖啡截然不同。温度越低提取的咖啡因就会越少，所以低温提取适合对咖啡因比较敏感的人们。最热的夏季或者不想煮热水的时候，来一杯冰爽的荷兰咖啡如何?

1. 茶包荷兰咖啡

利用凉水和茶包咖啡，提取清淡的咖啡。制作的方法非常简单：将茶包咖啡放入装满水的瓶子中，然后在冰箱里放置 2~3 天即可。

工具和材料 (5~6 人用)：
深度烘焙的咖啡豆磨成粉装入茶包内、泡大麦茶用的大玻璃水瓶 1 个、水 1L (尽量不要使用自来水，使用纯净水或市面上卖的矿泉水)

重点

在家装茶包时，要选择深度烘焙过的咖啡豆并研磨得细腻一些，然后将 70g 咖啡粉装入袋中，就可以放进水里浸泡了。最好选择四边形的茶包，这样可以将咖啡中的各种成分充分地浸泡出来。浸泡的时间是 2~3 天，即使浸泡的时间再长一些，也不用担心会浸泡出杂味。

1. 将 1 个装好咖啡粉的茶包放入水瓶中

水瓶中装 1L 水，将深度烘焙的咖啡豆中研磨后放入茶包中，再把装好咖啡粉的茶包放入装水的水瓶中。把茶包的某个边角夹到水瓶下，使茶包充分地浸泡在水中。

2. 放入冰箱存放 2~3 天

盖好瓶盖之后放入冰箱内，一直放到即将遗忘的时候。新鲜的咖啡豆磨成的咖啡粉浸泡在水里之后会产生气泡，这种气泡是二氧化碳，对身体不会造成不良影响。

2. 带过滤器的水瓶荷兰咖啡

如果使用本身就自带过滤器的水瓶调制咖啡的话，操作过程是非常简单的。现在给大家介绍一种虽然很清淡却还保留着咖啡苦味的简便的荷兰咖啡的调配方法。

工具和材料（5~6 人用）：
深度烘焙的咖啡粉 80g（中研磨）、带过滤器的水瓶、水 1L

1. 将咖啡粉装入过滤器

准备一个水瓶，再向水瓶中倒入水，水位应该控制在刚好可以接触到过滤器底部的程度。把深度烘焙后的咖啡粉 80g（中研磨）放入过滤器内，然后再把过滤器放入水瓶中，使其底部刚好触碰到水面。

2. 继续往瓶子里倒水

用咖啡专用水壶往水瓶中慢慢地倒入凉水，使过滤器中的咖啡粉全部可以充分地浸泡在水中。如果咖啡粉无法接触到水的话，是无法将咖啡粉中的各种成分溶解到水中的。

3. 盖好瓶盖，放入冰箱存放

装满带有过滤器的水瓶后，盖好盖子放入冰箱中存放 12~24h。咖啡豆越新鲜，吸收水分的时间就会越长。如果咖啡粉浮到水面上，就用咖啡勺轻轻地压到水里。

荷兰咖啡——提取的时间决定口感

我们已经学了如何用茶包和带有过滤器的水瓶提取荷兰咖啡的方法了，虽然这两种咖啡都具有口感清爽的特点，但各自也有独特的口感。茶包荷兰咖啡（提取 3 天）、使用 Hario 产的荷兰咖啡水瓶调制出的浸泡 1 天和浸泡 8h 的咖啡，这三种咖啡的提取结果如下：

茶包荷兰咖啡（提取 3 天）：

所有荷兰咖啡中最清爽的一款，由于口感非常嫩滑，所以饮用的量会比较多一些。

香气

★★

嫩滑感

★★★★★

苦味

★

水瓶调制的浸泡 1 天的荷兰咖啡：

香气宜人，既有嫩滑感也有爽口的口感。

香气

★★★

嫩滑感

★★★

苦味

★★★

提取浸泡 8h 的荷兰咖啡：

虽然提取的时间短，但是咖啡本身的口感非常鲜明。舌头上会留下非常强劲的苦味。

香气

★★★

嫩滑感

★

苦味

★★★★★

荷兰咖啡的由来

用冷水浸泡咖啡的方式提取的咖啡叫作荷兰咖啡。Dutch 是“荷兰人，荷兰的”的意思。用冷水浸泡的方式提取咖啡的方法起源于曾经是荷兰殖民地的印度尼西亚。当时这个地方可以生产出具有浓浓的香气和口感的罗布斯塔种咖啡，为了用更简便的方法饮用到咖啡，荷兰人发明了这个方法。不过这并不表示想要喝到可口的咖啡就一定要选择深度烘焙过的罗布斯塔种咖啡，其实用凉水浸泡的话反而阿拉比卡种咖啡更适合。但是无论是哪种都要选择新鲜的咖啡豆。

使用荷兰咖啡专用机的方法

最上面的容器中装入水，中间的容器中装入咖啡粉，最下面的容器用来装咖啡的提取液。最上面的容器每过 2~3s 会掉下来 3 滴左右的水滴，这样的情况下需要 6~12min。

3. 意式咖啡

Espresso

家中的咖啡艺术

午后在一个比较安静的咖啡吧中，点上一杯意式咖啡慢慢品尝，这是多么幸福的时光！现在我们就教给大家一种在家也能享受这份闲暇的方法。现在家庭中意式咖啡机已经非常普及了，因此我们在家也可以享受到一杯意式的卡布奇诺了。但是一杯适合自己的咖啡并不是机器可以调制的，终究还是需要用自己的双手去一点点提取出来。只有用心调制出的咖啡才能让人们感受到来自“手工”的浓浓香气。即使是相同的工具、相同的咖啡豆，不同的咖啡师调配出来的咖啡也具有微妙的差异。好不容易购买到非常优质的咖啡豆和优质的咖啡工具，如果使用的方法不正确的话，调制出的咖啡也是“苦不堪言”的。所以还是先把基础技术练好之后，再来挑战“最佳的一杯咖啡”吧！

最大限度地发挥出咖啡豆具有的能力——意式咖啡!

意式咖啡这个名字的意思是"飞快的提取速度"。与过滤式的咖啡不同，我们只需要20~30s 就可以提取出咖啡豆中的全部成分和香气，所以这种提取方法需要高压条件。利用水蒸气产生的压力使蒸发的水分渗透到咖啡粉中，属于蒸汽压力式提取方法，所以提取出来的咖啡具有浓浓的咖啡香和醇正的口感。最大限度地使咖啡豆发挥出全部的香味——这就是意式咖啡。由于意式咖啡提取的速度非常快，所以提取出来的咖啡中含有的咖啡因非常少。由于咖啡的高浓度和受到的压力会出现咖啡泡沫,这种纯天然的咖啡泡沫能使意式咖啡的香气保持很长时间。

意式咖啡是所有咖啡的基础

无论是提取后直接饮用的清咖啡，还是卡布奇诺、拿铁咖啡或是可以无限改变配料而形成的变异咖啡，不可或缺的最基本的原料就是意式咖啡。如果想调配出咖啡吧等咖啡专营店水准的咖啡的话，首先我们必须熟练地掌握意式咖啡的调配技术。一杯成功的意式咖啡会拥有只属于它的独特咖啡香气和嫩滑的口感，而且这种咖啡香在嘴里扩散的速度非常快，咖啡表面还会漂浮着一层金色的咖啡泡沫。一杯意式咖啡需要用 90℃左右的热水进行提取，而提取出来的咖啡温度是 70℃左右，所以事先一定要准备好加热过的咖啡杯。

调配意式咖啡使用的咖啡豆

调配意式咖啡通常会使用经过深度烘焙的咖啡豆，而使用混合后的咖啡豆提取比使用单一的咖啡豆更好。烘焙咖啡豆的过程中会烘焙出 800 多种挥发性香气，咖啡豆表面还会出现一层油脂。烘焙后 1 周左右，表面烘焙出来的油脂会消失，同时咖啡的香气也会挥发掉，所以要在咖啡豆表面还留有这层油脂的时候进行提取。如果在选购咖啡豆后要保存很长时间慢慢饮用的话，那就要首先仔细观察咖啡豆是否烘焙得均匀，然后选择真空包装的购买。

调配意式咖啡使用的咖啡豆的烘焙程度和研磨程度

正常的烘焙——现在人更多使用的是经过正常烘焙的咖啡豆，不再使用意式烘焙的咖啡豆了，这是为了提高咖啡豆自身的品质。通过正常的烘焙过程，咖啡豆中含有的“香气成分”可以大大地被烘焙出来，而且用这种烘焙程度的咖啡豆调配出来的意式咖啡不仅具有非常理想的口感和香气，在很大程度上还可以促进咖啡泡沫的形成。

细研磨——虽然咖啡豆要磨得细一些，可是磨得太细也不合适。第一次提取的时间控制在 20~30s 为最佳，咖啡粉越细腻提取的时间就会越长。

意式咖啡机

家庭用的意式咖啡机的内部结构和使用方法与专业咖啡店中使用的意式咖啡机是相同的。首先必须掌握最基础的操作方法，这是调配出一杯成功的意式咖啡的第一步。

制造奶沫的蒸汽喷嘴

利用喷射出来的蒸汽制造用于制作卡布奇诺或拿铁的牛奶。

随意控制最理想压强的压力器

确定提取咖啡时需要的压强大小。一般设置为 9 个大气压（0.9MPa）。

气压与热水的出口

提取意式咖啡时不可或缺的是气压和热水的出口。

提取意式咖啡使用的工具

小酒杯——测量提取出来的意式咖啡的量。1 杯是 30mL。准确地测量咖啡的量是熟练掌握技能的必经之路。

平整机——压平过滤器内部的咖啡粉。家庭用的平整机和意式咖啡机本身是一体的，当然也有单独被分出来的平整机。

扎壶——利用蒸汽加热牛奶并制造泡沫的时候使用。

波特过滤器——在波特过滤器中放入磨好的咖啡粉，然后安装在接头上。

定时器——利用定时器第一次提取的时候要准确地控制 20~30s 的时间，通过压力的大小和咖啡豆研磨的程度准确地掌握提取的时间至关重要。

意式咖啡用语

浓缩咖啡（Espresso Shot）——将 8g 咖啡粉装入咖啡机中，通过水的温度和压力、填充的程度调整 15~30s 的提取时间。第一杯中有金色的咖啡泡沫，具有非常丰富的口感和非常强劲的独特风味。提取后 5s 左右，咖啡的香气和口感就会开始下降。

单份意式浓缩咖啡（Espresso Solo）——提取意式咖啡时制作的第一杯，咖啡量为 25~30mL，倒入事先加热过的小型咖啡杯中。

双份意式浓缩咖啡（Doppio）——与“双倍”的意思相同，即两份单份意式浓缩咖啡，咖啡量是 50~60mL。

淡式意式浓缩咖啡（Lungo）——“Lungo”的意思是“拉伸”。有时人们会在单份意式浓缩咖啡中兑入 40~50mL 热水，调制成口感清淡嫩滑的淡式意式浓缩咖啡。

美式咖啡（Café Americano）——口感很清淡的美式咖啡。将一杯意式咖啡倒入马克杯中，再倒入一些热水，喝起来淡淡的却保留着咖啡的嫩滑感。

超级浓缩咖啡（Ristretto）——缩短了意式咖啡的提取时间，短时间内提取的少量咖啡。15~20mL 的咖啡量就可以了。

榔头咖啡（Hammer Head）——将过滤咖啡与意式咖啡以 1 ∶ 1 的比例混合在一起形成的美式咖啡。

调制可口的意式咖啡

材料：18g（双份）经过正常烘焙的细研磨的咖啡粉

1. 将咖啡粉装入压粉勺内

将细研磨的意式咖啡用咖啡粉装入压粉勺内，单份意式浓缩咖啡压粉勺中装入的量是8~9g。

2. 压平压粉勺的表面

装满压粉勺后压平表面。

3. 用力按压

为了使压粉勺内的咖啡粉中间没有任何空隙，要用力按压咖啡粉。这是为了使压粉勺中的咖啡粉可以均匀地接触到压力和热水，这个过程叫作“压实（tamping）”。

4. 测量提取时间

确定了意式咖啡机的压力大小和水的温度后，我们就要开始测量准确的提取时间了。

5. 提取 20~30s 的时间

最理想的提取时间是1杯20~30s，要按照这个提取时间控制咖啡豆的研磨程度，磨得越细腻提取的时间就会越长。

6. 克丽玛是关键

克丽玛（泡沫）要很光滑，而从克丽玛咖啡油中提取的天然咖啡油脂厚度为 3~4mm 最好，这种克丽玛中含有意式咖啡的丰富而又清爽的口感。

意式咖啡调制成功的重点

1. 使用现磨的咖啡粉

使用现磨的咖啡粉口感最佳，这与使用先前磨好的咖啡粉调制出的咖啡口感截然不同。

2. 装满压粉勺

压粉勺分为单份和双份，重点是装入适合不同咖啡类型的准确的咖啡量。

3. 正确地组装

如果安装的波特过滤器与气压和热水的出口之间有缝隙的话，就会出现压力和热水外溢的现象。

制造奶沫

与奶沫相关的花式咖啡

使意式咖啡出现千变万化的是牛奶。通过意式咖啡机的蒸汽机制造奶沫，好的奶沫体积比较小，喝起来口感非常嫩滑。如果意式咖啡中加入的是经过充分加工后的奶沫，那么就变成了卡布奇诺；如果加入的是轻度的奶沫，那就是拿铁咖啡。

通过调节加入的牛奶量和奶沫量，还可以调制出不同的花式咖啡。

1. 选择凉的牛奶

想制造好的奶沫，就需要选用新鲜的低温牛奶，以及清洗干净的扎壶。将存放在冰箱里的低温牛奶倒入扎壶中，1 杯卡布奇诺用 170mL 左右的牛奶就可以了。

2. 蒸汽机的空回转

使用之前先启动一次蒸汽机，释放遗留在喷气口中的热水。

3. 把空气注入牛奶中

运转蒸汽机之后，使喷气口离牛奶表面近一些，开始往牛奶里注入空气。如果喷气口插入得太深就会出现很大的噪声，牛奶就会变热；如果喷气口离牛奶太远，就会形成大体积的奶沫，而且很容易出现牛奶到处乱溅的现象。

4. 用手掌测试温度

用手掌摸扎壶的时候，如果温度达到了洗澡水的温度（40℃左右）时，就可以把喷气口稍稍放深入一些，放在牛奶中间。

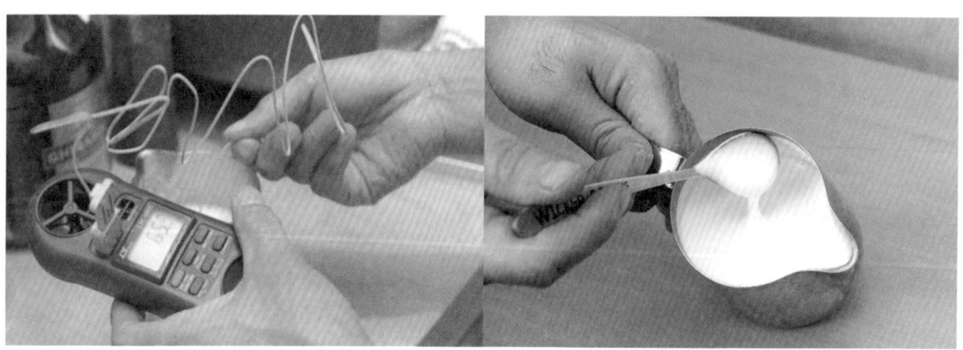

5. 不要过度加热

牛奶的最佳温度是65℃左右，温度比65℃更高时就会降低牛奶的口感。

6. 完成

细腻而又嫩滑的奶沫完成。

成功制造奶沫的重点

通过拉伸的方式制造细密的泡沫
将喷气口靠近牛奶表面的话就会往牛奶中注入空气，然后产生非常细密的奶沫。这个过程就叫作“拉伸(stretching)”。

小心被蒸汽烫伤
蒸汽机内部的温度可达 120℃，所以一定要注意不要被烫到。

保持蒸汽喷气口干净
由于会把喷气口直接放入牛奶中，所以一定要注意喷气口的卫生，使用过之后一定要立刻用干净的布擦拭干净。

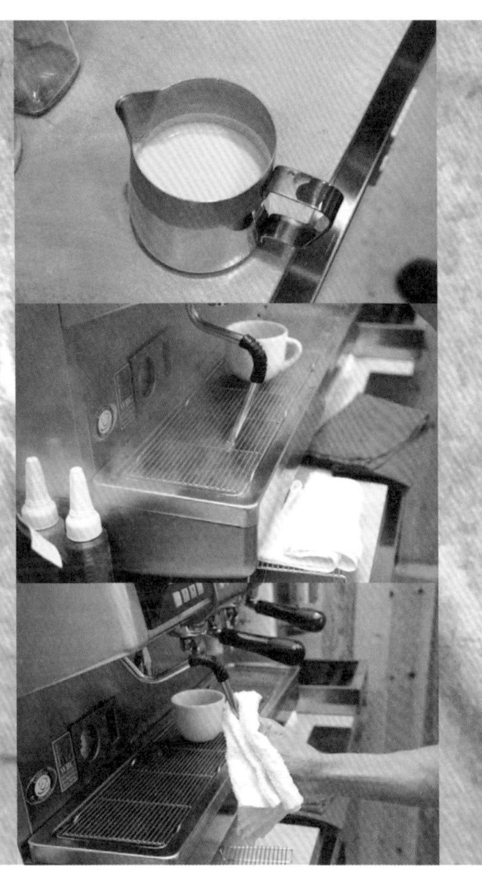

调配卡布奇诺

以卡布奇诺开始的意大利人的早晨

卡布奇诺可以说是意大利国民的饮料，它的颜色就像卡布奇诺教会修士深褐色外衣上覆的头巾的颜色，故名。如果掌握了调配意式咖啡和制造奶沫的技术的话，调配一杯卡布奇诺就变得非常简单了，轻轻松松就可以享受到卡布奇诺的香浓。如果你能在卡布奇诺的表面用牛奶画出各种不同的美丽画面，那就可以说你是名副其实的咖啡师了！

材料：双份意式咖啡、奶沫

准备好意式咖啡和奶沫，为了防止温度下降得太低，各种加工步骤要同时进行。在意式咖啡和奶沫变凉之前要迅速地调配，这一点非常重要。咖啡杯要选择杯身厚实、保温性能较好的陶瓷杯。

1. 将意式咖啡倒入咖啡杯中

如果已经准备好了意式咖啡和奶沫的话，就首先将意式咖啡倒入事先加热过的咖啡杯中。

2. 奶沫要从高一点的地方开始倒入咖啡杯中

就像要把奶沫隐藏到意式咖啡深处一般从很高的地方开始倒。

3. 慢慢靠近咖啡杯，将奶沫轻轻地倒在咖啡表面

将倒入奶沫的壶慢慢地靠近咖啡杯，使奶沫漂浮在咖啡上面。

4. 表面形成圆圈

这个环节要求的技术含量会高一些。使奶沫的落点位于咖啡杯的中心部位，固定住使咖啡表面形成一个圆圈。

5. 直线横穿圆圈表面

最后用流出来的奶沫直线横穿圆圈的表面，也就是说要直线移动奶沫的降落点。

6. 闪亮登场的心形

你会发现一个惊人的现象，那就是咖啡的表面出现了一个心形。想熟练地掌握画心形的技术，需要不停地练习这“制作美味的过程”。

养眼的拿铁艺术

利用牛奶和意式咖啡之间的颜色差异制造的拿铁艺术是非常受欢迎的，现在我们就给大家介绍几种比较简单好掌握的类型吧。

拿铁艺术——心形

左右来回移动牛奶的降落点画出落叶的形状

拿铁咖啡和欧蕾咖啡之间的差异

无论是拿铁咖啡还是欧蕾咖啡，都代表着要在咖啡中加入牛奶。前者是意大利语后者是法语，这是它们之间的差异。但是法国的欧蕾咖啡使用的并不是意式咖啡，而是过滤咖啡。

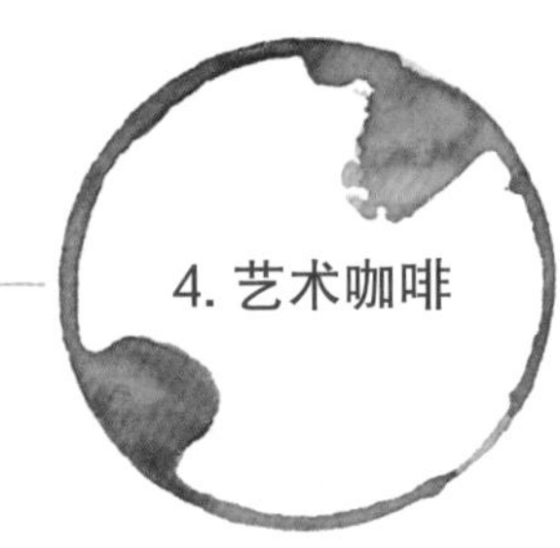

4. 艺术咖啡

美味和美感，为咖啡增添趣味

不仅增加咖啡的香味，让我们再为咖啡增添一点乐趣吧！只要我们拥有一台意式咖啡机，就可以让我们的家变成咖啡吧。咖啡艺术的起源是意式咖啡的发源地意大利，这种艺术以此为中心向世界各个国家扩展开来。现在在很多受过专业咖啡培训的咖啡师自己开的咖啡吧或者美系大型咖啡专业店中，有多种多样的咖啡艺术设计展示给来喝咖啡或者学习这种艺术的人。

目前还无法统计出具体的咖啡艺术种类，既然如此就不要给它戴上任何枷锁，使其自由发展吧！只要拥有一台意式咖啡机，你会发现那些曾经看似非常复杂的咖啡艺术，却变得异常简单。

演绎出一杯具有艺术性的咖啡，首先我们需要掌握提取意式咖啡的扎实的技术。提取意式咖啡时一定要迅速做好所有的操作，以免降低咖啡的口感和香气。

1. 最常见的四种艺术咖啡

只需要用意式咖啡和牛奶就可以调配出最常见的花式咖啡。下面讲一下通过不同的奶沫制作方法和不同比例的牛奶量，调配出四种最常见的咖啡。

拿铁咖啡 Café Latte

用蒸汽机制造细腻的奶沫，然后再把奶沫轻轻地倒入装有意式咖啡的咖啡杯中，它们的混合比例控制在1∶3的程度。

材料：双份意式咖啡、牛奶 230mL

卡布奇诺 Cappuccino

与拿铁咖啡的区别是奶沫的状态，要非常耐心地制造出双倍以上的奶沫，这也是这杯咖啡的亮点。奶沫在口中溶化的口感，是这杯咖啡最让人回味的部分。意式咖啡∶牛奶∶奶沫 =1∶3∶3，以这样的比例调配出表面充满奶沫的咖啡。

材料：双份意式咖啡、牛奶 230mL

康宝蓝 Espresso Con Panna

在用小杯盛装的意式咖啡上轻轻地放鲜奶油，当奶油渐渐熔化后咖啡的口感也变得如春天般柔和。

材料：双份意式咖啡、鲜奶油

玛奇朵 Macchiato

与拿铁咖啡相比有更浓的意式咖啡香，在意式咖啡上面轻轻地倒入奶沫。

材料：双份意式咖啡、牛奶 45mL

2. 用糖浆和巧克力演绎的摩卡艺术咖啡

加入糖浆和巧克力的拿铁咖啡叫作“摩卡”。它的口感温和、具有浓浓的奶香，因此特别受女性朋友的喜爱，所以非常有必要学会这款咖啡饮品的调制方法。

调配的过程并不复杂，重点是在倒入牛奶之前一定要先把糖浆、巧克力以及意式咖啡倒入咖啡杯中。摩卡的魅力是在感受意式咖啡的浓浓咖啡香的同时，还可以享受到糖浆和巧克力演绎出的多种变化。

白巧克力摩卡咖啡

White Chocolate Rasperry Mocha

材料：双份意式咖啡、牛奶 200mL、覆盆子糖浆 1 大勺、白巧克力酱 1 大勺

调配方法：

1. 把意式咖啡、白巧克力酱和覆盆子糖浆放入咖啡杯中。
2. 像调配拿铁咖啡那样把加热过的奶沫倒入咖啡杯中。

白摩卡咖啡
White Mocha

材料：双份意式咖啡、牛奶 230mL、白巧克力酱 2 大勺、可可粉少量

调配方法：

1. 将意式咖啡、白巧克力酱倒入咖啡杯中。
2. 像调制拿铁咖啡那样倒入加热过的牛奶。
3. 按个人喜好加入适量的可可粉。

摩卡咖啡
Café Mocha

材料：双份意式咖啡、牛奶 230mL、巧克力酱 1 大勺、可可粉少量

调配方法：

1. 将意式咖啡和巧克力酱倒入咖啡杯中。
2. 像调制拿铁咖啡那样倒入加热过的牛奶。
3. 按个人喜好加入适量的可可粉。

焦糖坚果摩卡咖啡
Caramel Haze Nuts Mocha

材料：双份意式咖啡、可可粉少量、牛奶 230mL、巧克力焦糖糖浆和坚果糖浆各 1/2 大勺

调配方法：

1. 将意式咖啡、巧克力焦糖糖浆和坚果糖浆放入咖啡杯中。
2. 像调制拿铁咖啡那样倒入加热过的牛奶。
3. 按个人喜好加入适量的可可粉。

3. 咖啡艺术带来的更多精彩

走进广阔的咖啡世界，寻找除冰咖啡、咖啡加牛奶之外的更多咖啡艺术。

用完美的泡沫收尾

细腻的泡沫是极为关键的。意式咖啡具有非常强劲的苦味，但是调配意式咖啡时产生的金色泡沫可以缓冲那股强劲的苦味。

通过摇晃调制特别的饮料

除去冰块和糖浆的话，虽然与意式咖啡相同，但是通过摇晃可以调配出鸡尾酒般的别样饮料。关键是一定要摇晃到恰当的程度。

雪克罗多咖啡 Shakerato

这是一种仅仅看外形就能感受到其时尚内涵的咖啡，会给人带来一股鸡尾酒般的氛围。雪克罗多咖啡在它的发源地——意大利受到了广大群众的喜爱，就连意式咖啡带有的强劲苦味也显得不那么苦了。

材料：双份意式咖啡、调酒器中放入七成的冰块、糖浆 2 小勺

调配方法：

1. 将冰块和糖浆放入调酒器中。
2. 再倒入意式咖啡。
3. 摇完之后倒入玻璃杯中，再轻轻把调酒器中的泡沫倒在 咖啡上面。

美味拿铁 Cozy Latte

能让人联想到秋季的一款咖啡，具有橙子的香甜以及坚果的香味，是西雅图 KOZA 店的原创饮品。

材料：双份意式咖啡、牛奶酱 1/2 大勺、香橙糖浆 1 小勺、牛奶 230mL、少量的坚果糖浆

调配方法：

1. 将意式咖啡、牛奶酱和两种糖浆倒入咖啡杯中。
2. 像调制拿铁咖啡那样倒入加热过的牛奶。

美式咖啡 Americano

具有意式咖啡的香气，可以享受到更醇正的口味。

材料：双份意式咖啡、热水 300mL

调配方法：

1. 将热水倒入咖啡杯中。
2. 将提取的意式咖啡倒入装有热水的咖啡杯中。

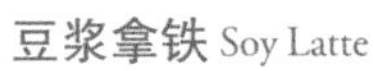

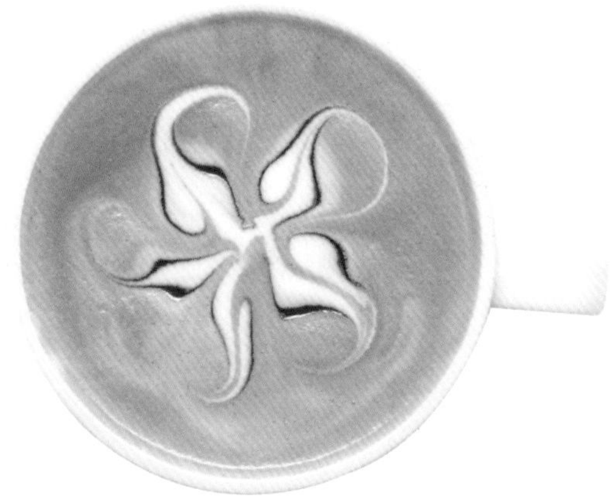

豆浆拿铁 Soy Latte

里面含有对人体有益的豆浆，这让我们既能感受到意式咖啡的香气，还能享受到豆浆柔柔的口感。

材料：双份意式咖啡、豆浆 230mL

调配方法：

1. 调配意式咖啡的同时加热豆浆。
2. 将豆浆倒入装有意式咖啡的咖啡杯中。

4. 滴滤咖啡演绎的艺术

即使家里没有意式咖啡机，利用滴滤咖啡也可以调配出理想中的咖啡。只要稍微用点心，即使是每天都喝的咖啡也会给你一种非常特别的享受。

现在将我们的想象力注入到咖啡中吧。家里有亲朋好友的时候，如果我们能演绎出别样的咖啡艺术的话，原本最平凡的时间也会变成让我们记忆犹新的时刻。当咖啡穿上设计的华丽外装时，它的世界将变得无限宽广。除了书中介绍的这些艺术咖啡之外，我们希望读者可以利用自己喜爱的水果或糖浆，调配出属于自己的咖啡艺术！

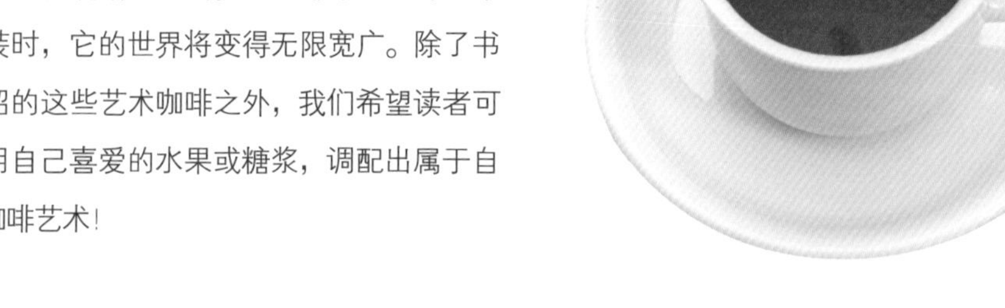

棉花软糖咖啡 Marshmallow Coffee

在美国的大多数家庭中，这款咖啡是最受欢迎的。棉花软糖刚刚开始溶化的时候，是这款咖啡口感最好的时候。不需要另外再放入砂糖，因为棉花软糖已起到了砂糖的作用。

材料：咖啡 120mL、少量的棉花软糖

调配方法：

1. 利用深度烘焙的咖啡豆调配出咖啡。
2. 使棉花软糖漂浮在咖啡上面。

苹果咖啡 Café De Pomme

混合了白兰地的咖啡叫作“皇家咖啡”，再加上苹果就变成了苹果咖啡。

材料：咖啡 120mL、苹果汁适量、苹果薄片适量、白兰地 5mL

调配方法：

1. 提取美式咖啡。
2. 加入白兰地和苹果汁。
3. 再放入切成薄片的苹果。

甜橙咖啡 Café Mandarina

甜橙皮含有非常丰富的维生素 C，而桂皮具有驱寒的效用，对咽喉痛也有一定的疗效，所以这款咖啡非常适合冬天饮用。

材料：咖啡 120mL、鲜奶油 30g、甜橙皮少量、桂皮 1 块

调配方法：

1. 将提前提取好的咖啡、甜橙皮和桂皮一同放入锅中加热。
2. 有热气时倒入咖啡杯中，再放上少量的鲜奶油。

巴伦西亚咖啡 Café Valencia

发源于西班牙的巴伦西亚咖啡中加入了当地的特产水果。

材料：咖啡 60mL、柠檬皮少量、牛奶 60mL、桂皮粉少量、橙味利口酒 10mL

调配方法：

1. 加热过的牛奶中添加浓浓的咖啡。
2. 加入柠檬皮提取柠檬香，然后再添加橙味利口酒。
3. 按照个人喜好加入少量的桂皮粉。

柠檬黄咖啡 Café De Citron

红石榴糖浆和柠檬片，使咖啡具有酸甜的口感。

材料：咖啡 120mL、红石榴糖浆 15mL、柠檬片 1 片

调配方法：

1. 提取美式咖啡。
2. 加入红石榴糖浆，再放入 1 片柠檬片漂浮在咖啡中。

亚玛雷多冰咖啡 Coffee Amaretto

咖啡、朗姆酒和杏仁这三种物质融为一体的口感你能在这杯咖啡中体验到。当然，由于酒精浓度较高，所以还是少量饮用为佳。

材料：咖啡 120mL、杏仁片少量、白朗姆酒 10mL、杏仁酒果露 10mL

调配方法：

1. 将咖啡、白朗姆酒以及杏仁酒果露放入咖啡杯中搅匀。
2. 往咖啡里撒少量的杏仁片。

Coffee
and
Culture

第二章

咖啡与文化

咖啡的历史

是谁最先发现咖啡的呢？关于这个疑问一直流传着许多故事。在传得最广泛的一个故事中，咖啡的发源地是阿比西尼亚（今埃塞俄比亚）。一个名叫卡尔迪（Kaldi）的牧童某天放羊，发现一只山羊异常地兴奋。经过仔细分析，他认为这是山羊吃的某种红色果实引起的。卡尔迪去了附近的伊斯兰教经学院说了这件事情，并与一个教徒一同磨了这种红色果实吃了下去，结果他感受到了前所未有的幸福感，而且精力充沛、神清气爽。而这种红色的果实还具有消除疲劳和倦意的效果，这对于修行中的人是再好不过的食物。

History of Coffee

1. 咖啡的传说

在生活节奏极快的城市中，咖啡变成了日常生活中必不可少的饮料，而“一杯咖啡”也不再单纯地代表着一杯饮料，它意味着久久未见的老友之间的相会、一份难得的闲暇以及饭后家人聚在一起的闲聊。这样的一杯咖啡，到底是怎么走进我们的生活中的呢？古代的一个牧童发现的小小的红色果实，变成了我们现在日常生活中经常饮用的咖啡。

咖啡的由来

牧童卡尔迪与教徒奥马尔

是谁最先发现咖啡的呢？关于这个疑问一直流传着许多故事。在传得最广泛的一个故事中，咖啡的发源地是阿比西尼亚（今埃塞俄比亚）。一个名叫卡尔迪（Kaldi）的牧童某天放羊，发现一只山羊异常地兴奋。经过仔细分析，他认为这是山羊吃的某种红色果实引起的。卡尔迪去了附近的伊斯兰教经学院说了这件事情，并与一个教徒一同磨了这种红色果实吃了下去，结果他感受到了前所未有的幸福感，而且精力充沛、神清气爽。而这种红色的果实还具有消除疲劳和倦意的效果，这对于修行中的人是再好不过的食物。

还有一个故事，背景是 13 世纪的也门。伊斯兰教徒奥马尔（Omar）被坏人诬陷后，被流放到离故乡穆哈很远的瓦萨巴。就在奥马尔饥寒交迫、精疲力竭的时候，飞来一只小鸟，这只小鸟的嘴里叼着一个红色的果实，奥马尔就拿着那个红色的果实走进了一个洞里。用热水煮这个红色的果实时，奥马尔闻到了从未闻过的香气。当他把煮好的汤喝下去之后发生了非常奇异的事情，一直以来的所有疲劳全部烟消云散了。奥马尔认为这种红色的果实是安拉的祝福，于是每当他遇见病人的时候，都会给他们分一些这种果实。由于他帮助了很多病 人，因此被人们称为“穆哈的圣者”。

这两个故事中有关埃塞俄比亚的更具有可信度，也就是说，咖啡是从埃塞俄比亚流传到阿拉伯地区的。

从药品发展为奢侈品

没有任何准确的记录可以说明人们是从什么时候才开始饮用咖啡的。关于咖啡，最早的历史记载要追溯到 900 年的波斯。在一位内科医生（Razes，850—922）的医学书籍中，咖啡第一次登场了。当他把咖啡的核熬成汤让病人们喝下去后，发现“胃脏有所好转，还具有利尿、提神的功效”。也就是说，咖啡最初并不是当作饮料，而是以药品的形式走进我们生活中的。说到咖啡的香气，当时还没有咖啡豆的烘焙技术，所以都是直接将咖啡的果实放入热水中熬制的，应该不会有现在的咖啡这样的口感和香气。

咖啡从药品转变成奢侈品是在 13 世纪中期。1470 年，咖啡树从非洲的阿比西尼亚高原移栽到了阿拉伯半岛南部的也门地区。之后阿拉伯人开始在也门大量地种植咖啡树，以此为契机，麦加和麦地那地区的人们开始广泛地饮用咖啡，当时咖啡树和咖啡豆是禁止被出售到国外的。后来，咖啡通过来麦加朝觐的伊斯兰教徒渐渐地传播到了世界各地。所以可以说，首先享受到烘焙后的咖啡香味的人群就是伊斯兰教徒们。

2. 咖啡从伊斯兰国家传入欧洲

咖啡的初传与咖啡贸易

1517 年，当时最强大的奥斯曼帝国的塞利姆一世征服了埃及后，将咖啡带回了自己的国家。1551 年君士坦丁堡（今伊斯坦布尔）开了世界第一家咖啡馆。当时的咖啡馆被人们称作“闲着的学校”，而这个咖啡馆的内部装饰使用了高等绒缎，可想而知有多奢华。咖啡馆内聚集着社会中各色各样的人，于是最初的咖啡馆变成了这些人进行交流的高级社交场所。由于种种原因，咖啡开始流行的时候政府颁布了禁止令，可是咖啡已经深深地融入到了人们的生活中，是无法禁止的，于是没过多久禁止令也就自动解除了。

1615 年咖啡传入意大利的威尼斯，1616 年咖啡从穆哈传入荷兰。这个时候的咖啡产业与贸易是由伊斯兰国家公司掌握的。1640 年荷兰的贸易商人第一次购买咖啡卖到阿姆斯特丹，1663 年穆哈形成了比较稳定的咖啡贸易市场。

咖啡的传播

最初，咖啡是在也门地区的伊斯兰教清真寺内栽植的，根本无法拿到国外去，但是终究还是流传到了外部。

耶路撒冷的咖啡馆

印度的伊斯兰教徒巴巴布丹（Baba Budan）去麦加圣地朝觐后偷偷地把咖啡的种子带了出来，并且在印度南部迈索尔（Mysore）海岸成功地栽培。由于此次事件，世界咖啡贸易市场的局面渐渐地发生了变化。

中东的咖啡馆

荷兰 1658 年开始在斯里兰卡栽培咖啡。印度的咖啡树移植到荷兰的植物园，1696 年传播到了荷兰的殖民地印度尼西亚爪哇岛。荷兰成功地在爪哇岛大量栽培咖啡后，将咖啡豆出售到欧洲各国从而获得了巨大的利益。

1723 年，当时归属法国海军的军官德・克利（Gabriel Mathiew de Clieu）开始栽培咖啡，他从巴黎的植物园购买了咖啡树的小苗，然后开始了航海生涯。他节省属于自己的淡水，用来给咖啡小苗浇水，就这样他成功地将活着的咖啡树苗带到了马提尼克岛，最终咖啡也传到了中南美地区。经过了如此漫长的过程后，咖啡传播到了全世界的各个地区。

欧洲的咖啡文化——咖啡馆

咖啡通过威尼斯的商人首次传播到了欧洲大陆。咖啡通过威尼斯港口和马赛港口进入了欧洲市场，渐渐地形成了欧洲的咖啡贸易网。

1645 年在威尼斯，欧洲有了第一家自己的咖啡馆。

1650 年，英国的牛津也出现了咖啡馆。这个时期的欧洲各国都开始收购咖啡，于是在奥地利、法国、德国、瑞典等地也陆陆续续地出现了咖啡馆。世界各国都开起了咖啡文化的花朵。

当时的咖啡馆变成了商业交易场所，变成了新闻与情报的聚集地。英国的劳埃德咖啡馆现在已经成长为世界上最大的保险公司之一——伦敦劳埃德保险公司。由于受到了咖啡馆的影响，英国的饮料业和社会生活习惯发生了巨大的变化，喝咖啡或茶的时候顾客们都会读报纸，而且到处都是小道消息或最新新闻。

伦敦的咖啡馆

伦敦劳埃德保险公司

只需要用一便士就可以拥有一杯温暖的咖啡，并可以得到某种程度上的教育和文化，于是咖啡馆被人们称作“一便士大学”。在很短的时间内，咖啡馆在欧洲变成了最火爆的社交场所，而咖啡也变成了日常生活中必不可少的要素。很多男士都喜欢在咖啡馆度过很长的时间，于是主妇们开始散布咖啡师消磨人精力的谣言。英王查尔斯二世甚至认为咖啡馆里萌发着民主主义的萌芽，视咖啡馆为不好的场所并曾禁止过咖啡。

3. 咖啡传入韩国

“洋汤”传入韩国

俞吉濬曾在《西游见闻》中写道:“西方人就像我们喝米汤一样地喝咖啡。”在韩国这是最早的有关咖啡的记录。朝鲜半岛中第一个品尝咖啡的人是谁？根据资料显示，1895 年发生了乙未事变后，高宗皇帝和皇太子 1896 年 2 月开始停留在俄国的公使馆中，通过外交官卡尔・伊万诺维奇・韦伯（Karl Ivanovich Waeber）接触到了咖啡，之后高宗皇帝便成为咖啡爱好者。

高宗享用咖啡的地方——首尔德秀宫静观轩

为高宗调配咖啡的人，是当时在社交界非常有名的德国籍俄罗斯人，那是一位名叫桑塔格（Sontag）的女性。1902年，她得到高宗皇帝的援助开了一家名叫“桑塔格饭店”的咖啡馆，这是朝鲜半岛最早的一家咖啡馆。桑塔格饭店成为大众了解咖啡文化的场所，但是日本吞并朝鲜后的1918年，这家饭店也面临倒闭。

高宗移驾到德秀宫后建了西洋式的建筑，取名为“静观轩”，有时面见国外信使或大臣的时候会在这个地方享用咖啡。当时咖啡并没有明确的名称，由于咖啡是来自西洋的汤，于是取名为“洋汤”。

韩国版咖啡馆——“茶坊”

在桑塔格饭店之后，日本人开了一家名为“青木堂”的沙龙。1914年，朝鲜出现了朝鲜饭店等可以喝咖啡的地方。朝鲜人最初开的咖啡馆，是1927年影视导演李庆孙在钟路宽勋洞开的“Cacadew”。

朝鲜人把咖啡馆叫作“茶坊”，这个名字是由于高丽时期宫中为举行宴会或接待信使而准备的官厅叫作茶坊的缘故。1928年钟路二街电影演员卜惠淑开了“维纳斯”茶坊，1929年YMCA（基督教青年会）附近开了一家名为“墨西哥”的茶坊，之后剧作家柳致真也开了一家名为“不利达纳斯”的茶坊。1932年，毕业于朝鲜饭店对面的东京美术学校的雕刻家李顺石开了一家名为“nag lang pal leo”的茶坊，1933年天才诗人李箱开了一家名为“燕子”的茶坊。最初的茶坊主要是由从事艺术行业的人们开的，其中包括电影演员、画家、文人、音乐家等。在首尔的明洞、钟路、小公洞、钟武路一带，陆陆续续地开了几十家茶坊。

当时的茶坊是从事艺术行业的人们交流的场所，有时也是作家协会的办公室。要想知道咖啡何时渐渐地进入了普通的家庭中，那就要提到 1930 年 11 月 9 日，《每日新报》报道了“如果想喝可口的咖啡”的新闻。

对于韩国人而言，咖啡是象征着西方的产物，喝咖啡代表着品位，也就是一种享受新文化的生活方式。20 世纪 60 年代之后，各个住宅区附近的茶坊已经是很常见的场所，紧接着出现了音乐茶坊。音乐茶坊中会有 DJ（音响调音师）放很多流行乐曲，也有一些场所会播放古典音乐，使客人喝咖啡的同时也能享受到音乐。当时的 DJ 地位与演员是相同的，他们起到了传播流行的作用。1970 年明洞出现了名为“Cherbourg ”的音乐茶坊，那里充满了活力和浪漫。大学街也出现了音乐茶坊。1980 年开始流行咖啡豆专营店，之后发展为直接购买咖啡豆进行烘焙并调配咖啡。

调配咖啡的黄金比例

速溶咖啡在把咖啡普及给普通市民的过程中起到了巨大的作用。速溶咖啡是日本的一位叫加藤悟里的博士最先发明的，但是由于没有什么地方可以发表，于是去了美国，在美国举行的展览会中发表了他的发明。但是据说当时并没有获得专利，后来获得这项专利的人是乔治・华盛顿，而这个人最终也成为这项专利的发明家。

韩国经历了朝鲜战争后，通过美军接触到了速溶咖啡。这种只需要倒入热水就可以饮用的便利的咖啡，在咖啡普及的道路上引发了大众化的巨大变化。1970 年，东西食品生产了韩国最早的速溶咖啡。

东西食品推出了属于韩国本土品牌的“麦斯威尔咖啡”，1976 年推出了咖啡伴侣。1978 年市面上出现了咖啡机，于是咖啡成为韩国人最熟悉的一种饮品。韩国的速溶咖啡是把咖啡、砂糖和咖啡奶脂按照最佳的比例混合而成的，具有咖啡的香甜，也保留了咖啡原有的独特香气，最终形成了适合韩国人口味的优质速溶咖啡。

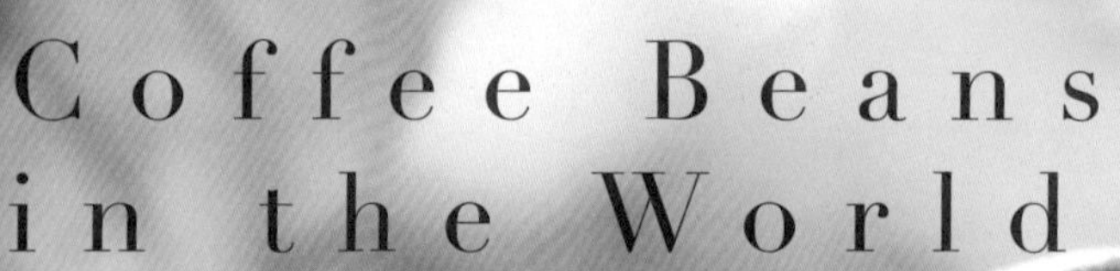

了解咖啡等于了解世界各国民族的历史和文化的发展史。具有悠久传统和历史的咖啡正迎来新的时代。不同的地区和农场都在生产高品质的、具有不同特性的咖啡。现在我们迎来了像选择红酒一样选择咖啡豆的时代，也会讲究咖啡豆的产地和品种。

咖啡产地之旅

Coffee Beans in the World

了解咖啡等于了解世界各国民族的历史和文化的发展史。具有悠久传统和历史的咖啡正迎来新的时代。不同的地区和农场都在生产高品质的、具有不同特性的咖啡。现在我们迎来了像选择红酒一样选择咖啡豆的时代，也会讲究咖啡豆的产地和品种。现在，让我们带领大家走遍具有世界性品质的咖啡的产地吧。

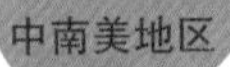

巴西

Brazil

国家名称：巴西联邦共和国

人口：1.84 亿（2007 年）

面积：854.74 万km^2

首都：巴西利亚

语言：葡萄牙语

咖啡年产量：约 217.2 万 t

世界最大的咖啡生产国

说到咖啡，我们首先会想起来的国家是巴西。巴西是世界最大的咖啡生产国，而自身消费咖啡的量也迅速增加。巴西生产了全世界咖啡产量的 30%，但是自身会消费整个产量的 50%。巴西咖啡收成的好坏，会对世界咖啡市场中的咖啡价位产生很大的影响。

巴西开始生产咖啡的时间是 1727 年，而咖啡的生产进入正规的时间是 18 世纪中后期。截至 19 世纪中期，咖啡只在以里约热内卢或帕拉伊巴河流域为中心的地区栽植。后来咖啡的栽植中心开始移动，到 1960 年初，巴西生产的咖啡总产量中的 60% 是在南部巴拉那州生产的。巴西生产的阿拉比卡种咖啡包括波邦、蒙多诺渥和卡杜艾（Catuai）等。

清洁的时候最常用的方法是干燥法。首先利用水的浮力分类咖啡豆，漂浮在水面上的咖啡豆，就意味着不是成熟的；而沉到水下的咖啡豆首先要去掉果肉，然后再进行清洗。未成熟的咖啡豆具有独特的苦涩口感，所以采收后选出来进行提高品质的研究。

巴西领土面积非常大，所以具有很多不同类型的气候条件。南部地区的农场连续下霜后会遭受很大的灾害，所以从 20 世纪 70 年代后半期开始咖啡农场移到了塞拉多地区。塞拉多地区的灌溉设施完善，机械化水平高，可以进行大规模的咖啡栽培，现在已成为代表巴西咖啡的重要产地。巴西生产的大部分咖啡都是通过圣保罗州的桑托斯港口运向世界各地的，所以很多时候都会把巴西产的咖啡叫作“桑托斯”。

香味：**混着各种品种咖啡的丰富香气**

与中美洲一带生产的咖啡相比，由于产地海拔比较低，所以咖啡总体上不是很酸。而且很多品种组合在一起形成了复杂的香气，具有非常均衡的苦味和酸味，还具有很独特的嫩滑口感。咖啡香非常浓，没有非常强劲的酸味，所以很适合刚接触咖啡的人群，可以毫无负担地享用。

品种：**国土有多大，品种就有多丰富**

阿拉比卡种的咖啡占总量的 85%，罗布斯塔种中的柯林隆占总量的 15% 左右。阿拉比卡种包括了波邦种和蒙多诺渥种等很多种咖啡，其中波邦种来源于几内亚。此外，还有人工交配罗布斯塔种和阿拉比卡种的杂种。

栽培方法：**大规模机械栽植**

虽然地面的起伏很小，可以通过机器大规模地采收咖啡，但是更多的时候还是通过人工摘果的方式采收。在巴西摘咖啡豆的时候会把连在一起的叶子也一并摘下来，这种摘咖啡豆的方法叫作“剥离（stripping）”。

清洁方法：干燥法

90% 以上的巴西咖啡豆都是用干燥法进行清洁的，剩下的用半干燥法进行清洁。这可以大大地减少未成熟的咖啡豆混合在一起的可能性。一部分中规模农场通过这种方式提高了咖啡的品质。

干燥：天然风干

大部分咖啡豆是放在水泥地板上用日晒的方法进行干燥的，也有一些是放在平铺的网面上进行干燥的。产量比较大的农场经过一定程度的日晒干燥过程之后，直接使用干燥机进行干燥。如果紫外线太强的话，也要采取一些遮挡阳光的措施。

评价方法：根据味觉和香气分出来的六个级别

咖啡的品质是按照咖啡豆的大小、口感，次品豆的数量等来划分的。咖啡豆的大小超过 17 号筛网时属于偏大的咖啡豆；以 300g 咖啡豆中含有的次品豆的多少来决定出售等级，或者按照口感来分类。

咖啡按照香味可以分为极温和、温和、稍温和、苦涩、淡碘味、浓烈碘味等六个等级。

中南美地区

哥伦比亚

Colombia

国家名称：哥伦比亚共和国
人口：4394.18 万（2007 年）
面积：114.17 万km²
首都：波哥大
语言：西班牙语
咖啡年产量：约 74.4 万 t

小规模的农场生产种类丰富的咖啡，拥有世界第三的生产力

哥伦比亚咖啡占全世界咖啡产量的 10% 左右，而且哥伦比亚有约 200 万人都是依靠生产咖啡维持生计的。所以对于哥伦比亚而言，生产咖啡在国家经济中占有非常重要的地位。除了排行第一、第二的巴西和越南之外，哥伦比亚是全世界咖啡产量第三多的国家。但是与巴西相比，哥伦比亚没有那么多大规模生产咖啡的农场，很多是被人们称作“Cafetero”的农夫们经营的中小型规模的农场。小规模的农场生产种类丰富的咖啡，并且拥有世界第三的生产力。

正因为是中小型规模的农场生产的咖啡，反而品质更优秀。哥伦比亚咖啡栽培者国家联盟（FNC）也在加紧建立经典咖啡的项目，只允许经过严密的品质检查之后的优质咖啡豆进入。

香味：最初哥伦比亚的咖啡具有咖啡的甜味以及醇正的口感，由于品种改良的工程进行得非常活跃，已经出现了口感多样的咖啡。世界咖啡市场中，哥伦比亚咖啡已经成为柔和咖啡（Mild Coffee）的代名词，受到很高的评价。咖啡豆比较大，带有绿色，形状偏长，由于内部组织比较紧实，适合深度烘焙。

品种：哥伦比亚生产的咖啡大多属于阿拉比卡种，包括波邦、卡杜拉、铁毕卡、玛拉果吉佩等品种。哥伦比亚产的经典咖啡大部分都是铁毕卡和卡杜拉。

栽植：哥伦比亚咖啡的主要产地是北部的安第斯山脉，这个地区充满了肥沃的火山灰，拥有灿烂的阳光、均匀的降水量以及方便清洗咖啡豆的山谷河流，丰富的清水制造出了香味醇正的咖啡。主要的产地有麦德林、亚美尼亚和马尼萨莱斯等。

清洁：哥伦比亚咖啡的清洁主要采用水洗法，没有太特别的分等级的方法。只要大小超过 17 号筛网，并且这种咖啡豆数量达到 80% 以上的就叫作顶级（Supremo）咖啡，大小不超过 17 号筛网的就叫作优秀（Excelso）咖啡。

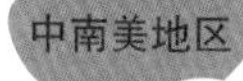

中南美地区

巴拿马

Panama

国家名称：巴拿马共和国

人口：322.82 万（2005 年）

面积：7.71 万km^2

首都：巴拿马城

语言：西班牙语

咖啡年产量：约 9 万 t

特殊的环境培育出来的高品质咖啡

现在的巴拿马已被人们当作了高品质咖啡的产地，巴拿马生产的咖啡虽然很轻，但是具有非常香浓的特性。这种咖啡口感香甜，酸味适当、均衡而又有着浓重的咖啡香，因此被人们评价为高品质的咖啡，但是这样的咖啡每年的产量非常低。生产精品咖啡的地区是位于巴拿马的西部，与哥斯达黎加边境连接的奇里基省。奇里基省的博克特地区生产咖啡的历史最悠久而闻名，这里经常出现雾气，防止了气温上升，而这一特殊的环境使巴拿马产的咖啡具有非常特别的特征。博克特地区特有的雾气具有抑制气温急速上升的作用，正是这种特殊的环境形成了巴拿马特有的咖啡品种。博克特地区的道路清洁设施等基础设施都非常发达，是非常有名的旅游观光胜地。

清洁咖啡豆时选择最传统的水洗法，通常选择自然干燥的方法进行干燥。巴拿马只生产阿拉比卡种的咖啡，有铁毕卡亚种、波邦亚种等咖啡品种。不过卡杜拉和卡杜艾占整个咖啡产量的大半部分。但是最近给恩夏品种的咖啡非常受欢迎，所以巴拿马也在栽培这个品种的咖啡，而且生产这种咖啡的厂家也越来越多。

由于给恩夏咖啡受到了世人的瞩目，于是巴拿马也受到了世界的关注。1966 年发现的“埃斯美拉达精品咖啡”就是巴拿马埃斯美拉达农场生产的咖啡，而这种咖啡就是给恩夏咖啡。

香味：中等型口感以及特有的香味

巴拿马与哥斯达黎加和哥伦比亚接壤，却能产出具有非常独特香气的咖啡。优质的农场生产的铁毕卡种的咖啡具有非常鲜明的咖啡酸味以及细腻的香味。中等型咖啡口感也是巴拿马咖啡具有的特性。

中南美地区

危地马拉

Guatemala

国家名称：危地马拉共和国
人口：1352.58 万（2007 年）
面积：10.89 万km²
首都：危地马拉
语言：西班牙语
咖啡年产量：约 22.5 万 t

引领特种咖啡市场的发展

危地马拉是世界闻名的玛雅文化发源的地方，有着各种各样不同大小的咖啡农场，其中很多农场具有悠久的咖啡生产历史。1750 年咖啡通过耶稣协会的神父进入了危地马拉，1821 年从西班牙独立出来之后，危地马拉受到德国移民的影响正式开始栽植咖啡。

从 2000 年开始到 2004 年，危地马拉引领着特种咖啡市场的发展，当时流通的咖啡品种非常单一。危地马拉的领土包括了大西洋与太平洋之间的狭长平原以及高山地带，具有非常多样的气候条件。每个农场按照自身所处的特有的气候条件栽培了不同品种的咖啡，大部分是阿拉比卡种咖啡，其中波邦种也很多。市面上比较少见的卡杜拉种、卡杜艾种也在栽植的过程中，帕卡马拉种的栽植数量也在与日俱增。

海拔较高的地区生产的咖啡酸味和刺激性口感强劲，因此受到了非常高的评价，而海拔较低的地区生长的咖啡在酸味和口感上受到的评价就较低。于是出现生产咖啡的农场慢慢向高山地区移动的现象，而高山地区与海拔较低的地区采收的时期是完全不同的。咖啡树的开花时期是 1~3 月，低海拔地区的采收时间是 9 月开始，而海拔越高的地方采收的时期就会越往后，甚至会延续到来年 4 月。清洁的方式大部分采取传统的水洗法，再把咖啡豆散放到水泥地板、砖块或瓷砖上进行自然干燥。

香味：危地马拉包括了很多不同类型的地形，不同地区生产的咖啡也具有不同的口感。海拔很高的地区生产的咖啡具有非常鲜明的口感。

中南美地区

哥斯达黎加

Costa Rica

国家名称：哥斯达黎加共和国
人口：429.92 万（2006 年）
面积：5.11 万km^2
首都：圣何塞
语言：西班牙语
咖啡年产量：约 11.1 万 t

具有非常完善的环境保护对策的咖啡生产国

北邻尼加拉瓜、南邻巴拿马、东临加勒比海、西临太平洋，哥斯达黎加生产的咖啡全部都属于阿拉比卡种的咖啡，其中卡杜拉和卡杜艾等耐病害能力较强的品种占了整个产量的 80% 左右。由于咖啡的栽植密度过大，因此遮阳树非常稀少。哥斯达黎加海拔较高的地区种植着卡杜拉种，而海拔较低的地区种植着卡杜艾种。

哥斯达黎加拥有非常先进的预防公害技术，制造咖啡时首先要考虑清洁咖啡豆的过程是否会对环境造成影响，然后再进行加工。清除咖啡豆果肉的过程中使用的水绝对不会流向江河，一定要循环利用并且进行过清洁处理后才能排出。清除的果肉会转变成有机肥料，而咖啡豆的羊皮纸状壳用作干燥时使用的燃料或用来再利用等。可见，哥斯达黎加具有非常完善的环境保护政策。

哥斯达黎加大部分都是小规模的农场，因此形成了非常亲密的相互协同的工作方式。从咖啡豆的清洗到出售，都会以协同组合的农场为单位来进行。还有政府代表、生产者和清洁业工作者组成的哥斯达黎加咖啡协会（ICAFE）管理着从生产到出售的所有流程，并提供市场开发、改善栽培方法等技术方面的支持，保证持续稳定地生产高质量的咖啡。

香味：随海拔而变化的咖啡口感以及均衡的酸味

海拔越高的地区生产的咖啡越具有强劲的酸味，而且咖啡口感非常鲜明；海拔越低咖啡的口感越平淡。靠近太平洋的塔拉苏地区生产的咖啡具有非常浓郁的口感，中部地区生产的咖啡具有酸味和苦味均衡的口感。整体来讲，虽然哥斯达黎加咖啡口感上不具有特别明显的个性，但是口感非常稳定。

中南美地区

萨尔瓦多

El Salvador

国家名称：萨尔瓦多共和国
人口：687.49 万（2005 年）
面积：2.07 万km²
首都：圣萨尔瓦多
语言：西班牙语
咖啡年产量：约 8.4 万 t

被世人关注的突变混合种——帕卡马拉种咖啡

萨尔瓦多属于雨季和干燥期每半年会出现一次的热带性气候，有很多火山。大部分咖啡栽植在火山的丘陵地带。萨尔瓦多生产的咖啡中有一种非常特别的品种，即波邦种突变后形成的帕卡马拉种。帕卡马拉咖啡是 20 世纪 50 年代在萨尔瓦多发现的帕卡斯（Pacas，波邦种的突变种）与玛拉果吉佩（在巴西发现的铁毕卡种的突变种）的杂交种，与铁毕卡种非常相似，口感纯净、甘甜、醇度高，受到世人的关注。

萨尔瓦多划分咖啡等级的标准是咖啡豆产地的海拔。海拔达到了 1200m 的为 SHG（高地豆，Strictly High Grown），海拔 500~900m 的为 CS（低地豆，Center Standard）。

香味：**温和的酸味以及巧克力香的口感**

虽然波邦种的咖啡产量非常高，但是与安提瓜岛产的咖啡相比酸味淡了很多，口感比较温和。萨尔瓦多咖啡的特点不在酸味，而在于巧克力香的口感。帕卡马拉种的口感虽然不够强劲，但是具有铁毕卡种的纯净口感。

中南美地区

牙买加

Jamaica

国家名称：牙买加
人口：271.01 万（2007 年）
面积：10991 km²
首都：金斯敦
语言：英语
咖啡年产量：约 35 万 t

严格的管理制度下栽培并流通的蓝山名家

蓝山咖啡一直被人们称作“咖啡中的皇帝”，而生产这种咖啡的国家就是牙买加。1800 年，英国人在郁郁葱葱的热带雨林中的蓝山地区开始栽植咖啡，而这个地区生产的咖啡当时就已经受到了非常高的评价。渐渐地其他临近的农场也开始栽植咖啡，最终传播到了柯纳斯黛尔地区。蓝山山脉具有加勒比特有的温带气候，均匀的降水量以及不会产生积水的肥沃土壤等条件是栽培咖啡最理想的环境。特别是浓浓的雾气可以避免咖啡直晒强烈的太阳光，使咖啡樱桃慢慢地成熟，形成高品质的咖啡。

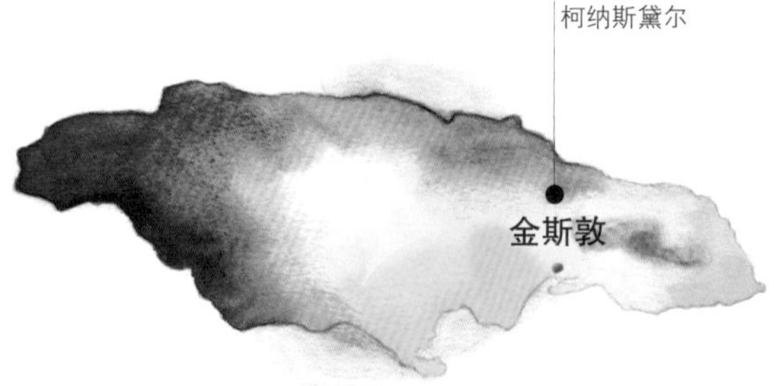

柯纳斯黛尔地区：海拔在 1000~1250m，是法律规定栽培蓝山咖啡的区域。蓝山咖啡具有非常严格的品质管理，因此受到了世人的一致好评。在以特定的地区名称为品牌的产品中，蓝山咖啡是最早的。

1953 年，牙买加政府以管理咖啡的品质为目标建立了牙买加咖啡局（CIB），于是出现了世界上第一个以特定的地区名称为咖啡品牌的事例，从那之后，所有从牙买加往国外出售的咖啡都是由 CIB 管理的。他们对于蓝山咖啡的定义是非常严格的，蓝山咖啡是“在法律指定的蓝山区域内栽植，并且是在法律规定的清洁工厂加工处理的咖啡”，只有这样的咖啡才能称作蓝山咖啡。

蓝山咖啡是按照筛网的大小和次品豆的数量来分类的。70kg 为一个单位，筛网号为 17~18 的咖啡豆属于一等品，16~17 的是二等品，15~16 的是三等品。次品豆的含量不得超过 3%。品牌名为极品蓝 (Jablum) 的蓝山咖啡是经过烘焙的蓝山咖啡豆。一系列严格的品质管理下生产的蓝山咖啡的最大消费国是日本。

加勒比海域的各个岛屿正在用卡杜拉种代替其他品种的咖啡，但是牙买加大部分地区栽培的咖啡依然是铁毕卡种。1~4 月开花，8~9 月采收。

香味：**嫩滑浓郁，口感均衡**

蓝山咖啡的咖啡豆非常大，表面非常光滑，色泽鲜明。咖啡的香味非常浓郁，口感清香，因此即使提取得非常浓，喝起来也是很柔滑。高品质的蓝山咖啡酸味比较淡，无太大的刺激感。蓝山咖啡不适合深度烘焙，而适合中度烘焙，具有天鹅绒般的嫩滑感。

中南美地区

多米尼加

Dominica

国家名称：多米尼加共和国
人口：926 万（2007 年）
面积：4.87 万km²
首都：圣多明各
语言：西班牙语
咖啡年产量：约 3 万 t

由于加勒比海高山地带生产出的具有嫩滑香味的咖啡而闻名世界

加勒比海有多米尼加、牙买加、古巴和海地等因盛产咖啡而闻名世界的国家。加勒比海咖啡的特点是口感清爽，香味醇正。咖啡口感不是非常浓厚，因此喝起来清爽香甜。

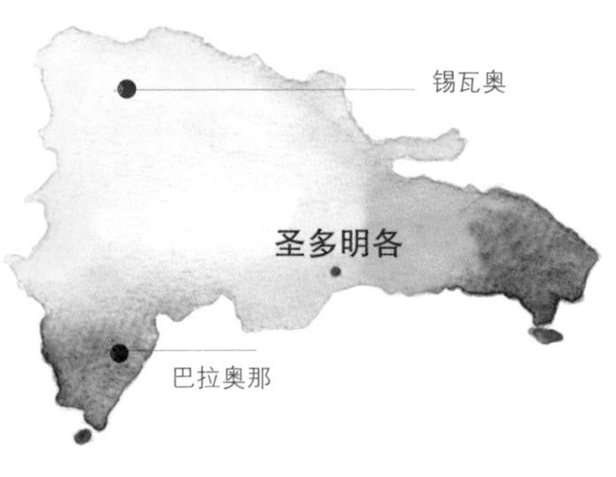

多米尼加主要生产咖啡的地区是位于中央山脉的锡瓦奥（Cibao）和加勒比海边的巴拉奥那（Barahona）。锡瓦奥有很多大规模的农场，巴拉奥那有很多小规模的农场，主要生产铁毕卡种的咖啡。

多米尼加咖啡分等级时咖啡豆的大小规格并不是最重要的，关键是产地。除了 AA、AB 等按照咖啡豆的大小规格分类之外，锡瓦奥和巴拉奥那等高山地带生产的咖啡一般都会被认为是高品质的咖啡。一般人们会在 2~5 月的时候采收，采用传统的水洗法清洁咖啡豆。

香味：**根据不同的区域出现不同口感的两种咖啡**

主要在巴拉奥那地区出产的铁毕卡种系列的咖啡具有非常嫩滑的香味，这也是这个地区生产的咖啡的特征。位于中央山脉的锡瓦奥高山地区生产的咖啡与巴拉奥那地区生产的咖啡相比，口感会更浓郁一些。

埃塞俄比亚

Ethiopia

国家名称：埃塞俄比亚联邦民主共和国

人口：7651.19 万（2007 年）

面积：110.36 万km^2

首都：亚的斯亚贝巴

语言：阿姆哈拉语、奥罗莫语、英语

咖啡年产量：约 36.8 万 t

阿拉比卡种的原产地

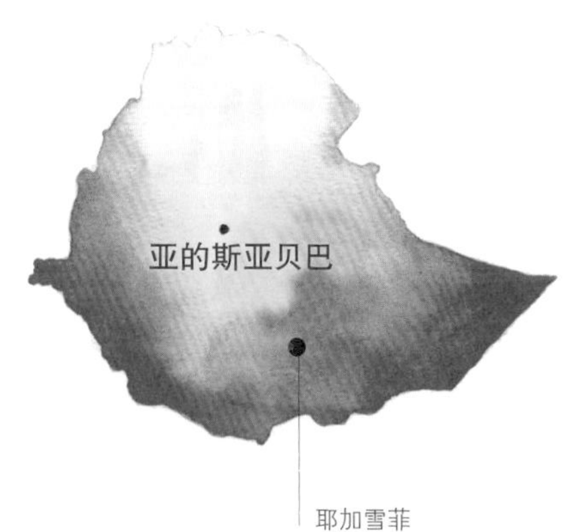

埃塞俄比亚是阿拉比卡种的原产地，也是世界上消费咖啡历史最悠久的国家。埃塞俄比亚固有的咖啡品种以及自生的品种加在一起足足有 3500 种。在如此丰富的咖啡遗传因子中，被选拔的咖啡品种就是现在埃塞俄比亚正在栽植的品种。在经济领域中，咖啡扮演着非常重要的角色，埃塞俄比亚全人口的 20% 也就是相当于 1500 万的人口从事咖啡产业。在埃塞俄比亚所有对外出售的商品中，咖啡占总数的 30%~40%，是埃塞俄比亚出口商品中数量最大的一个项目，可谓名副其实的咖啡产业大国。而且与其他非洲生产国不同的是，埃塞俄比亚的一般公民都喜爱咖啡，所以生产的咖啡中 30%~40% 是国内人民消费的。

首都亚的斯亚贝巴的咖啡出口行业，是从生产高品质咖啡的耶加雪菲地区开始的。经历了无数次失败后，最终形成的高品质咖啡就是“迷雾谷（Misty Valley）”，以英国为中心得到了很高的评价。迷雾谷的登场使世界精品咖啡格局受到了很大的冲击。清洁的方法主要采取传统的干燥法，有 70%~80% 的咖啡豆都是通过这样的方式进行清洗的，但是可以提高出口单价的水洗法咖啡所占的比例也渐渐开始提高。咖啡的等级主要是通过 300g 咖啡豆中含有的次品豆数量和杯测试的方法进行评价的，其中杯测试更重要一些。

香味：向世人展示魅力的、具有独特个性的咖啡

埃塞俄比亚咖啡的香气具有非常独特的个性。高品质自然干燥法制作的咖啡——耶加雪菲具有桃子或山杏的香气以及非常浓厚的口感，因此受到了全世界的关注。此外还有通过水洗法制作的西达摩（Sidamo）和利姆（Limmu ）等咖啡产出。

坦桑尼亚

Tanzania

国家名称：坦桑尼亚联合共和国
人口：3887 万（2007 年）
面积：94.5 万km ^{2}
首都：多多马
语言：斯瓦希里语、英语
咖啡年产量：约 5.1 万 t

不同地区，不同品种

坦桑尼亚有 40 万左右的住户是拥有 1~2 hm^{2}（公顷）土地的小规模农庄，他们生产的咖啡产量是全国总产量的 95%，剩下的 5% 是通过大型农场生产的。坦桑尼亚山地分散在国土的周边区域，东北部和南部主要生产波邦种和肯特种，西部主要栽培罗布斯塔种，这几个地区栽培咖啡的环境完全不同。坦桑尼亚生产的咖啡大部分都会出口，因为与咖啡相比，坦桑尼亚的原住民更喜爱红茶。

坦桑尼亚的咖啡是根据筛网的型号划分咖啡豆等级的。被标出 AA 等级的最高品质的咖啡豆的筛网是 17 号（6 .5mm）以上。

坦桑尼亚咖啡满足 AA 等级的基准
筛网 17 号以上（17 号以下的咖啡豆低于 14%）
裂开的咖啡豆在 2% 以下
无黑色豆
具有青绿的色泽

香味：具有非常出众的均衡的口感，东北部农场生产高品质咖啡

东北部农场的波邦种具有酸味，口感均衡香甜。肯特种少了一些酸味，口感厚重。

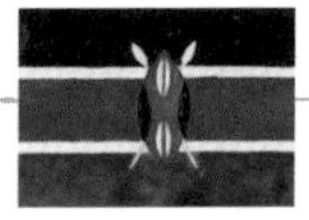

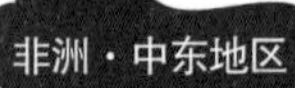

非洲·中东地区

肯尼亚

Kenya

国家名称：肯尼亚共和国
人口：3506.2 万（2007 年）
面积：58.26 万km²
首都：内罗毕
语言：斯瓦希里语、英语
咖啡年产量：约 5.7 万 t

生产、加工、流通，一切流程非常便利的咖啡最前线

肯尼亚与阿拉比卡种原产地埃塞俄比亚是邻国，从 19 世纪末肯尼亚才开始栽培咖啡。基督教的传教士将咖啡种子拿到肯尼亚栽培，由此开始渐渐扩大了栽植面积，第二次世界大战后由原住民大量栽植。肯尼亚生产的咖啡中 60% 是由小型规模农庄的 70 万住户和 4000 多个农场生产的。肯尼亚咖啡树主要集中在肯尼亚山附近的坡地。

20 世纪 70 年代开始至 80 年代中期，肯尼亚的出口总额当中 40% 以上是咖啡，因此咖啡在肯尼亚经济中起着非常重要的作用，但是现在咖啡所占的比例已经降低到了 4%。即使如此，肯尼亚发达的栽培方法、品种改良科技以及精湛的加工技术，使肯尼亚的咖啡品质受到很高的评价。无论怎样，肯尼亚都是生产世界性精品咖啡的重要产地之一，这是不可动摇的。

肯尼亚现在主要以具有非常出众的咖啡香的 SL28 和 SL34 为主力品种进行栽培，这两个品种都来自波邦种。肯尼亚的咖啡豆都是通过手工进行采收的，再用水洗的方式进行清洁。咖啡豆的等级是按照筛网的型号进行划分的：筛网号 17 以上的是 AA，筛网号 15~16 的是 AB。也可以根据咖啡豆的外观以及提取后的咖啡品质进行划分。

肯尼亚的首都内罗毕，每周二都会举行咖啡的竞拍活动，具有许可证的出口商们会参加竞拍。由于规则非常完善，虽然不需要竞拍也能进行咖啡买卖，但是现在大部分咖啡还是通过竞拍的方式进行买卖。竞拍起到提高品质的作用。跨国公司 Socfinaf 拥有 9 个农场，在世界精品咖啡市场中受到非常高的评价，美国等很多发达国家的贸易商们都会关注，因此 AA 等级的高品质咖啡豆都会卖出非常高的价位。

香味：让人联想到柑橘或红酒的强劲的酸味及香味

肯尼亚的咖啡具有非常丰富的酸味和均衡的口感，能让人联想到柑橘或红酒的味道。

非洲·中东地区

卢旺达

Rwanda

国家名称：卢旺达共和国
人口：895.9 万（2007 年）
面积：2.63 万km^2
首都：基加利
语言：卢旺达语、法语、英语
咖啡年产量：约 2.5 万 t

高品质咖啡的生产国，受到世人关注的新国度

殖民地时期受到外币政策的影响，每家农户义务性地种植了 70 棵咖啡树，这是卢旺达变成咖啡生产国的开始。现在卢旺达也没有大规模的农户，咖啡树是由 50 万户左右的小规模的农户进行栽培的。每家农户平均有 200 棵左右的咖啡树，这种小规模的农户都位于海拔 1500~2000m 的高海拔火山灰覆盖的地带，因此不需要施用任何肥料，咖啡树也生长得非常好。现在卢旺达 GDP（国内生产总值）的 42% 是通过咖啡等产品产生的。卢旺达的咖啡栽培、品质和产量方面能够高速发展，全靠咖啡农业协同合作体系。2007 年得到了东非最佳咖啡协会的认可，与雇用劳动者经营大规模咖啡种植园的跨国公司不同的是，这个协会是当地居民组合在一起一同投资，再通过按种植地的面积分配收入的方式来经营的。

卢旺达最初清洁咖啡豆的方式是传统的干燥法，后来为了生产精品咖啡，从 2001 年开始一直到 2008 年，建立了 130 余家清洁工厂，咖啡豆的品质得到了大幅度的提高。每家农户采收的咖啡樱桃都会拿到附近的清洁工厂精心地清洁，生产出高品质的咖啡豆。1990 年为止被评价为二等咖啡的卢旺达咖啡，近年来在 COE(国际精品咖啡评测组织)咖啡品质竞赛中跻身前五名。2008 年卢旺达进入了由巴西、哥斯达黎加、哥伦比亚等有名的咖啡生产国组成的 COE 名单中。

香味：卢旺达的咖啡是颗粒较小的波邦种，具有很浓的咖啡香气，口感清爽嫩滑、香甜醇正是其特点。品质好的咖啡具有樱桃的香气，与埃塞俄比亚的水洗法咖啡相似。

非洲·中东地区

也门

Yemen

国家名称：也门共和国
人口：2073 万（2004 年）
面积：53.18 万km^2
首都：萨那
语言：阿拉伯语
咖啡年产量：约 1.17 万 t

高品质咖啡豆的发源地

与埃塞俄比亚相同的是，也门也是咖啡原产地之一。首都萨那周边的哈拉兹、马塔里等因生产高品质的咖啡豆而出名。高品质的咖啡豆都是通过手工采摘的方式进行采收的，从事咖啡行业的人们把这个地方的咖啡豆称为“萨纳尼”。

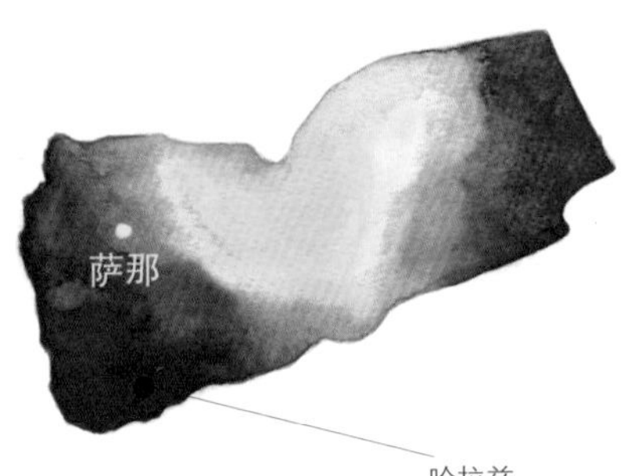

在也门，人们把沙漠溪谷中的农场和峡谷斜面上阶梯式的农田称作“瓦迪”。阶梯式农田位于海拔 2200m 的高山地带，是适合生产高品质出口咖啡豆的环境。通过干燥法进行清洁，将咖啡豆放在民居的屋顶一周左右的时间进行干燥。以半干燥的状态进行储藏或流通，山地或萨那地区由于气候比较凉爽，所以干燥的过程中不会出现发霉的现象。高品质的咖啡有马塔里、伊斯梅尔、哈拉兹等。也门咖啡豆体积较小，形态圆润，具有优质的咖啡酸味和独特的水果香气，口感浓醇嫩滑，可以感受到非常鲜明的特性。

在也门，经过干燥期后可将咖啡樱桃的外皮和果肉制作成饮料在市面上流通。也门人不像埃塞俄比亚人那样具有喝咖啡的习惯，更多的是习惯性地将咖啡外皮和果肉与生姜一同熬制饮用，这种饮品被当地人称作“卡哈瓦”。

亚洲·太平洋地区

印度尼西亚

Indonesia

国家名称：印度尼西亚共和国
人口：2.19 亿（2005 年）
面积：192 万km^2
首都：雅加达
语言：印度尼西亚语
咖啡年产量：约 64 万 t

华丽的曼特宁生产基地

印度尼西亚曾经是荷兰的殖民地，当时荷兰在印度尼西亚建立了咖啡种植基地，将生产出来的咖啡运回荷兰积攒财富。1696 年，荷兰人将咖啡树从印度移植到爪哇岛（Java Island），但是到了 1877 年，斯里兰卡出现了树叶上产生斑点的锈病。如果咖啡树出现锈病的症状，将无法进行光合作用，经过 2~3 年的时间就会干枯死亡。这种锈病传播到了印度尼西亚，使当地的阿拉比卡种的咖啡树大量死亡。到了 20 世纪初的时候，印度尼西亚用耐病害能力较强的罗布斯塔种代替了那些死掉的阿拉比卡种。

印度尼西亚是世界第四大咖啡生产国。目前在海拔 1000m 以上的地区种植的咖啡中，阿拉比卡种仅占生产总量的 10%。其中用来制作精品咖啡的咖啡豆产自苏门答腊的林东或者亚齐，生产的是曼特宁咖啡，此外还有苏拉威西岛生产的托拿加（Toraja）等。印度尼西亚生产的咖啡中 75% 产自苏门答腊岛，苏门答腊岛的林东和亚齐是世界有名的咖啡产地。“曼特宁”是指“苏门答腊岛北部生产的阿拉比卡种咖啡”，而这一品种的咖啡最初是由曼特宁族栽植的。

苏拉威西岛和爪哇岛种植了很多罗布斯塔种咖啡树，是由国营农场和大规模民间农场联手种植的。印度尼西亚是按照 300g 咖啡豆中含有的次品豆数量来决定咖啡等级的，如果次品豆的数量较多就属于低级别的咖啡。一等品（G1）的价位是最高的，减分不得超过 11 分。按照减掉的分数排列二等品和三等品的咖啡。大部分咖啡采用自然干燥的方式进行清洁，利用水洗法进行清洁的咖啡豆不足 5%。由于苏门答腊岛可供咖啡干燥的场地较少，而降水量又多，所以要尽快地干燥咖啡豆，这种方法叫作苏门答腊式清洁方法。

香味：**口感华丽的曼特宁和口感嫩滑的托拿加**

苏门答腊岛生产的曼特宁口感浓郁醇厚，具有让人联想到薄荷或水果的香气，以及很多种复杂的特性。苏拉威西岛生产的托拿加虽然不具备曼特宁那样的鲜明个性，但是具有非常柔嫩香滑的口感。

亚洲・太平洋地区

东帝汶

East Timor

国家名称：东帝汶民主共和国
人口：101.5 万（2007 年）
面积：14874 km²
首都：帝力
语言：德顿语、葡萄牙语

经过战乱后摇身变成有机咖啡生产基地

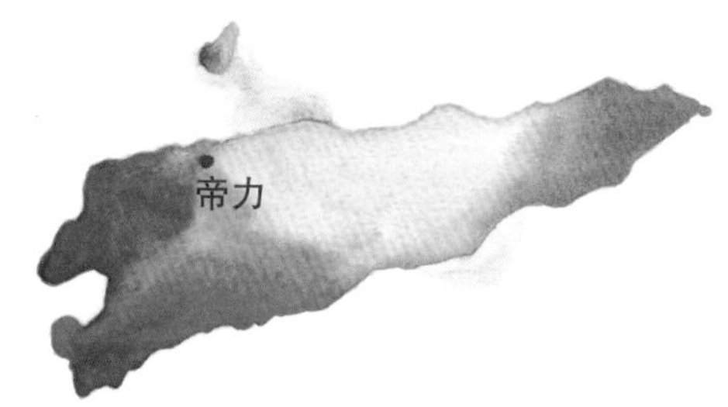

东帝汶曾经是葡萄牙的殖民地，1815 年从巴西移植了咖啡开始大量栽植。后来由于受到了印度尼西亚的合并与内战的影响，山地大面积衰退，因此咖啡栽植业受到了沉重的打击。2002 年东帝汶独立，虽然依旧处于政治性的混乱中，但是也正因为这段战乱期，使得山地在美国、葡萄牙、日本等国家的支援下渐渐地重新恢复生产咖啡。

海拔在 1000m 以下的地区种植罗布斯塔种咖啡，海拔在 1000m 以上的地区种植阿拉比卡种咖啡。一般 5~7 月是采收的最佳时期。由于战乱长时间停止咖啡生产的东帝汶，在各国的援助下重新开始了咖啡栽培，咖啡在技术和品质上也得到了很大的提高，目前正致力有机咖啡的生产与认证的项目。

香味：**清爽的酸味和浓郁的香味**

东帝汶咖啡的特点是具有铁毕卡系列咖啡的爽滑口感，清爽的酸味加上浓郁的咖啡香味形成了无与伦比的醇厚感。虽然近年来开始使用有机肥料，但是大多数地区基本上还是采用自然栽培的方法进行生产。

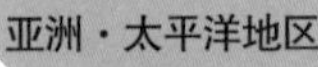

亚洲·太平洋地区

夏威夷群岛

Hawaii

地区名称：夏威夷群岛（美国）
人口：131.15 万（2007 年）
面积：2.83 万km^2
首府：火奴鲁鲁
语言：英语

受到世人喜爱的科纳咖啡

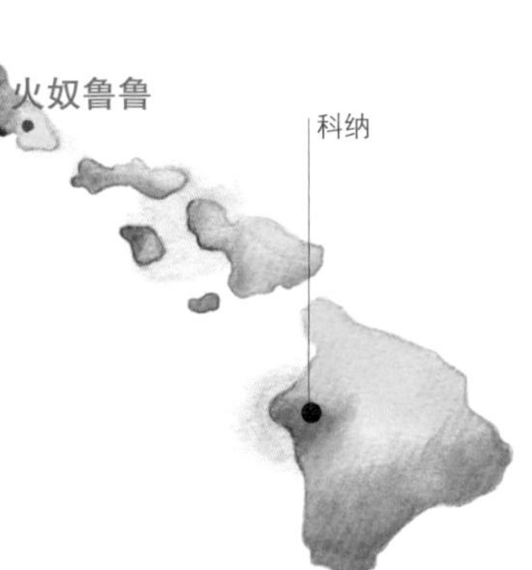

科纳地区：因为生产科纳咖啡而闻名。这些咖啡被种植在夏威夷群岛的五个主要岛屿上，它们是瓦胡岛、夏威夷岛、毛伊岛、考艾岛和毛罗卡岛。科纳咖啡口感柔滑、浓香，具有诱人的坚果香味。

科纳咖啡产自夏威夷岛的西部地区，属于精品咖啡。科纳咖啡采收的时候采用纯手工采摘的方式，属于铁毕卡种的咖啡。夏威夷栽植科纳咖啡的时间并不是太长，是 1982 年从危地马拉将铁毕卡种的咖啡树移植到夏威夷科纳地区后才开始的。虽然考艾岛和毛伊岛也栽培咖啡，但是夏威夷岛的科纳咖啡是最出名的。

比平地更清凉多雨的气候使科纳地区变成了咖啡栽培宝地。科纳地区的海拔在 600m 左右，但是由于受到海洋性气候的影响，所以相当于中美地区海拔在 1200m 左右的气候。有规律的降雨、具有遮阴效果的云层、排水性较好的火山灰土壤以及太平洋的气温调节效果，使得位于较低海拔的夏威夷可以生产出高山地区才能生产的高品质咖啡。

夏威夷按照严格的规定对咖啡进行分类。按照筛网的大小和次品豆的数量区别咖啡豆的等级，水分含量超过 12% 的是不可以出口的。筛网号 19、次品

豆含量低的属于特好（Extra Fancy）的等级，筛网号 18 的咖啡属于好（Fancy）的等级，不按大小区分的属于一号（Number One）的等级。等级最高的特好科纳咖啡在科纳本地也是很难购买到的，而且皮伯利咖啡和特好的科纳咖啡的市场价是相等的。夏威夷咖啡一般采用传统的水洗法进行清洁，近年来渐渐转变成半水洗法；虽然很多时候都会采用自然干燥的方法，但是大规模的农场采用干燥机进行干燥。

夏威夷咖啡农场中格林韦尔（Greenwell）农场最受瞩目。1850 年从英国移民的农场主人格林韦尔先生经过长达 40 年的辛勤努力，一手创办了这个咖啡农场。由于具有悠久的历史，这家农场已经成为科纳地区的旅游观光地。

香气：**干净的颗粒所带有的甜美而又柔软的香味**

被公认为高级咖啡的科纳咖啡是在全世界都非常受欢迎的一种咖啡。它有着能够让人联想起草丛或者是树木的甜美香气，还带有柑橘类果实的酸味，特征就是甜美而柔软。而且它绝对不会给人污浊的感觉，有着干净的颗粒。

有趣的咖啡常识

Coffee Stories

1. “豆来豆去”咖啡豆

似懂非懂的咖啡故事，介绍日常生活中有帮助的咖啡小插曲。

了解咖啡豆能更好地发挥咖啡的香味。咖啡豆虽然是种子，但是由于外形和豆非常相似，因此取名为咖啡豆。

1. 咖啡树展示的色彩变化

当咖啡树还在苗木阶段的时候会长出繁茂的绿叶，经过3年的成长阶段会开出洁白的花朵。开花时期农场一带就像积满了白雪一样，这种现象被人们称作“雪花（snow blossom）”。但是开花不到3天就会凋谢，开始出现绿色的椭圆形果实。绿色的果实渐渐地变成黄色，完全成熟后会呈现出与樱桃类似的红色，这就是把咖啡豆叫作咖啡樱桃的原因。

2. 咖啡生产国的国民也喜爱咖啡吗

经过严格的筛选出口海外的咖啡豆都是去除次品豆之后的高品质咖啡豆，除了埃塞俄比亚这样消费咖啡总生产量的40%的国家之外，大部分咖啡生产国的国民为了挣钱都会将咖啡出口到国外，也并不是非常喜爱咖啡，或者喝一些等级不太高的咖啡。经过公正的贸易，咖啡生产者、劳动者享有的权利虽然都强化了不少，但是很多咖啡生产者依然经受着经济上的困难，能享受咖啡的人都是消费国居民。

3. 为什么要用人工采摘的方式进行采收

即使是一棵树上的果实，每颗咖啡豆生长的情况也是不同的。为了生产出高品质的咖啡，必须通过筛选只采摘成熟的红色果实，而未成熟的绿色果实不可以混入其中，所以需要通过人工采摘的方式完成这个环节。当然选择成熟的果实是非常复杂的事情，也有一些农场是直接用敲打的方式采收果实的。

4. 能直接饮用生的咖啡豆吗

有些人品尝刚采摘的咖啡豆时也会觉得口感香甜，而且咖啡豆中含有更多的咖啡因成分，但是咖啡豆必须经过烘焙的过程之后才能真正体现出咖啡独特的香气和口感。刚烘焙的咖啡豆具有强劲的刺激性，所以不适合刚接触咖啡的人群和孩子。

5. 有机咖啡是什么

有机咖啡是不使用化肥和农药而栽培的咖啡。目前咖啡产业非常重视国际标准和对生态环境的保护。现在关注对人体有益的有机咖啡的咖啡馆的数量与日俱增，他们会通过公正贸易选择这种有机咖啡豆。

6. 咖啡树属于敏感的树种吗

咖啡树是属于茜草科咖啡亚属的常绿树，适合年平均气温在 20℃以上的热带、亚热带气候，具备稳定降水量的地区适合种植咖啡树。播种完之后 40~60 天种子就会开始发芽，从这个时期开始需要经历 5 年的时间才能采收。咖啡树不耐寒也不耐旱，属于非常敏感的树种。

7. 咖啡樱桃含有两个咖啡豆

采收后的咖啡樱桃还处于果实的状态，咖啡豆是指果实里面的种子。一般情况下果实中含有两个种子，采收后要把种子从咖啡果实中分离出来，这个过程就是清洁。清洁的方法有干燥法、半干燥法、水洗法和半水洗法，分离出来的种子是生豆。

8. 咖啡的栽植不会对周围的树木造成灾害吗

咖啡树不适合在强烈的阳光下栽培，适合周围有香蕉树等高大树种的地区。为了起到遮挡阳光的作用，有些农场还会栽植叫作“遮阳树（shadow tree）”的树种。现在人们非常重视按照社会以及环境的标准栽培咖啡。

9. 生产咖啡世界前十位的国家

第一位是巴西，第二位是越南，第三位是哥伦比亚，第四位是印度尼西亚，第五位是墨西哥，第六位是印度，第七位是埃塞俄比亚，第八位是秘鲁，第九位是危地马拉，第十位是洪都拉斯。第二位的越南主要生产用来制作速溶咖啡的罗布斯塔种咖啡。世界咖啡产量的 30% 以上是巴西生产的，每年根据巴西的生产量咖啡的价格会出现很大的波动，所以可以说巴西是真正的咖啡大国。

10. 应该在什么地方购买咖啡豆呢

重要的是出售咖啡豆的地方是否用心储存了咖啡豆，咖啡豆非常不喜欢氧气和潮气，所以一定要放在封闭的地方储藏。装有咖啡豆的盒子要避免放置在阳光直射的地方，须放在阴凉的地方。比较受欢迎的店面出售的速度快，所以随时可以买到新鲜的咖啡豆。

11. 咖啡豆表面泛着油光表示放置的时间长吗

无法说绝对是放置了很长时间。烘焙的时候咖啡豆会膨胀，所以原来含有的油脂成分就会流到表面，烘焙的程度越高，就越容易出现这样的情况。总之还是去出售高品质咖啡豆的专业店面购买比较好。

2. 享受不同风格的咖啡艺术

“知道多少享受多少”，咖啡也是如此。从举止到调配的方法，让我们了解更多享受咖啡的方法吧。

1. 咖啡桌上的风度

（1）将咖啡递给客人的时候，要把咖啡勺放在右侧，咖啡杯的把手朝向哪个方向都是可以的。

（2）放糖的时候要把装有咖啡糖的容器放到离咖啡很近的地方放进去，不可以用手抓。

（3）溶化咖啡糖的时候不要搅拌得太厉害，以防咖啡糖碰到咖啡杯的内壁造成磨损。

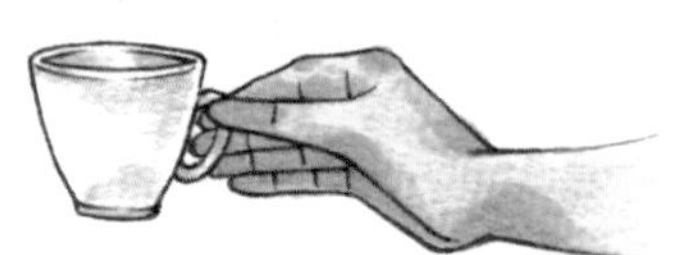

（4）使用的咖啡勺要放在咖啡杯的后面，即使对方看到了也不是失礼的举动。

（5）放过咖啡糖之后倒入牛奶时不需要再搅拌。

（6）坐在咖啡桌旁饮用咖啡的时候只举咖啡杯。使用微型咖啡杯的时候不要让手指穿过咖啡杯的把手。

2. 不同国家喝咖啡的独特方式

法国　欧蕾咖啡——使用没有把手的大型咖啡杯，用深度烘焙过的咖啡豆提取的咖啡和相同量的牛奶调配。

爱尔兰　爱尔兰咖啡——浓浓的咖啡提取液中加入黄糖和爱尔兰鸡尾酒。

奥地利　奶油咖啡——浓浓的咖啡提取液中加入鲜奶油，然后再加入一点巧克力。

意大利　意式咖啡——用微型咖啡杯饮用。

3. 世界咖啡消费量排行榜

各国的咖啡消费量（10^3t）

国家	2008 年消费量
美国	1299
巴西	1052
德国	572
日本	424
意大利	356
法国	309
韩国	100

人均咖啡消费量（kg/ 年）

国家	2008 年人均咖啡消费量
卢森堡	25.55
芬兰	12.62
德国	6.959
巴西	5.45
美国	4.17
日本	3.33
韩国	2.07

4. 什么是咖啡因

咖啡因是咖啡或茶叶中含有的天然有机化合物，具有苦味，是咖啡成分中非常重要的部分。咖啡因具有兴奋、觉醒、利尿等功效，可用作医疗药品。它虽然会让人上瘾，但那是饮用了过量的咖啡时才会出现的症状，所以在正常饮用的情况下是不会出现上瘾症状的。

5. 一杯咖啡中含有多少咖啡因

100mL 的咖啡中含有 40~70mg 咖啡因。荷兰咖啡中含有的咖啡因量更少，提取的咖啡越淡含有的咖啡因越少。100mL 红茶中含有咖啡因 10~30mg，乌龙茶是 20~30mg，煎茶是 20~50mg。

6. 一杯咖啡中含有多少热量呢

虽然一杯咖啡中含有很多种成分，但是绝大部分是水，所以一杯咖啡中含有的热量是非常少的。一杯（普通咖啡杯）黑咖啡中含有 16.7kJ 左右的热量。但是如果加入砂糖或牛奶，就会增加相应量的热量，所以一定要注意不要放太多的砂糖。

黑咖啡 = 16.7kJ
黑咖啡 + 白砂糖 2 匙 = 79.4kJ
黑咖啡 + 液态克丽玛 1 个 (5mL) = 66.9kJ
黑咖啡 + 白砂糖 + 克丽玛 = 129.6kJ

7. 最好的速溶咖啡定律

随手就能喝到的咖啡就是速溶咖啡，速溶咖啡的优点就是简单方便，但是这并不表示随便用热水一冲就可以了。如果没有按照常规方法进行冲泡，是无法充分地发挥出它的香味的。基本定律如下：

（1）要把握好咖啡和水的比例关系。

（2）采用刚接的自来水或净水器中的水。

（3）水温控制在 95℃左右。

（4）克丽玛要稍等之后再放进去。

· 水烧开后从火炉上拿下放置，等待温度降到适合冲泡咖啡的程度。

· 使用常用的茶匙（2g），热水 140mL 左右。

· 要小心水温，别让水温降得太低。

· 高温的情况下如果加入克丽玛，会出现咖啡和克丽玛结合在一起凝结的现象，所以一定要注意。

3. 咖啡的回忆

学林茶座

1. 听说过大学街音乐茶座吗

音乐茶座是播放古典音乐等优雅音乐的场所，通过较好的音响设备放着温馨的音乐,还可以品尝咖啡或红茶。20 世纪 60~70 年代，黑胶唱片代表的是时尚，现在黑胶唱片已经很难购买到了，而这种因素代表的是过去韩国大学街的浪漫。学林茶座是以前主导了民主化运动的学生们经常聚集的场所，也是从事音乐、美术、话剧、文学等行业的人士休息的场所。

2. 传达到阿波罗 13 号的生命信息

1970 年，在浩瀚的宇宙中飞行的阿波罗 13 号发生了一起氧气罐爆炸事故。经过宇航员们的不懈努力和来自本部职员的鼓励，他们终于安全地回到了地球。“现在你们正走在一条通向浓浓热咖啡的道路上。”为了鼓励宇航员们，美国休斯敦本部发给他们的短信是“一杯浓浓的热咖啡”。虽然只是短短的一句“一杯浓浓的热咖啡”，却包含了家人深深的思念，以及与他们一同度过的每一个快乐的瞬间。

3. 漫画让咖啡更具有吸引力

专门以咖啡为素材的漫画比想象中的多很多。被韩国文化产业振兴院企划创作漫画制作支援事业选拔的漫画《今天的咖啡》（权奇仙著，Anibooks），通过漫画中出现的一心想成为咖啡师的齐泰和具有非常敏锐味觉的南至之间的搞笑纯情故事，展示出丰富多彩的咖啡世界。

咖啡浪漫漫画 *Coffee*，*please*（任斌、任如元著，Jbooks）在雅虎网连载点击率超过了 1000 万，被评选为最高人气漫画。该漫画展现年轻人为了能够调配出最高品质的咖啡而艰苦奋斗的经历。还有一部漫画以日常生活中被种种压力压得喘不过气来的人调配幸福咖啡为题材，这部漫画名为《咖啡之梦》。此外还有《疯狂的咖啡猫》（崔京儿、严才京著，KoreaHouse）、《鲁迪斯咖啡的世界》（金才玄著）、《再来一杯咖啡》等。

4. 咖啡进入音乐领域

著名的音乐家巴赫也是咖啡爱好者，他的创作 *Cafe Cantata* 表现的就是对咖啡爱不释手的父女俩的心情。这首曲子的首演是在德国莱比锡的咖啡馆。20 世纪鲍勃・迪伦演唱的 *One More Cup of Coffee* 成为当时最红的一首歌。此外还有无数的流行乐都跟咖啡有关。

5. 咖啡馆最初是社交场所

17 世纪咖啡传入欧洲之后，伦敦出现了第一家咖啡馆。咖啡馆是受过教育的人聚在一起，相互交换信息，满足好奇心的社交场所，而现在的伦敦酒吧传承了最初咖啡馆的传统。

6. 咖啡书吧

咖啡书吧是既可以喝咖啡又可以阅读各种书籍的场所，这样的地方一般会在书柜上陈列各种各样的书迎接每一位顾客。不同的咖啡书吧都会用已经绝版的稀有书籍来吸引顾客，对于热爱咖啡和阅读的人而言，这里就是他们的绿洲。

7. 日本的咖啡面

日本东京有一种面叫作“咖啡面”，是一种把面浸泡在咖啡汤里面食用的速食。有些店的菜单中也会有咖啡面、沙拉咖啡面、热咖啡拉面、冰咖啡拉面等。冰咖啡拉面包括黑色的汤、香蕉、猕猴桃、火腿、煮熟的鸡蛋和少许冰块，使用的汤当然是咖啡。

8. 罐装咖啡登场

罐装咖啡可以让人通过饮料自动售货机同时享受热咖啡和冷咖啡。罐装咖啡有很多不同的种类，比如拿铁咖啡、法式咖啡等强调高品质的咖啡，进入市场后受到了广大咖啡爱好者的喜爱。

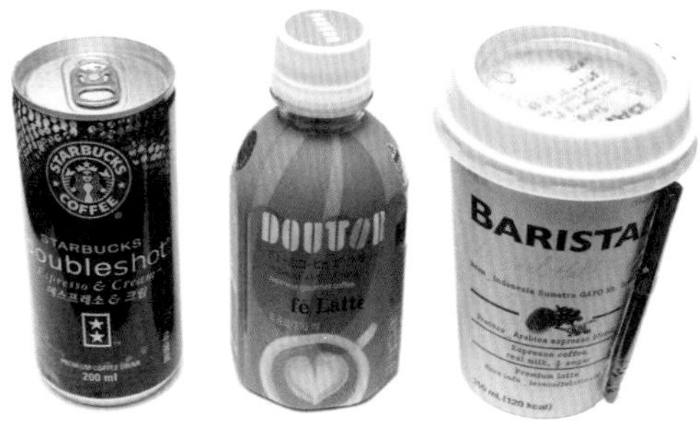

9. 荧屏中不可缺少的名配角——咖啡

《咖啡与香烟》海报

几乎所有的电影中都会出现喝咖啡的场景，咖啡和香烟在电影中是不可或缺的元素。吉姆·贾木许导演的《咖啡与香烟》通过咖啡和香烟的存在描绘出了人生。斯坦利·库布里克导演的《2001 太空漫游》中出现吃航天食物的时候用咖啡壶倒入咖啡杯的场景，这足以表明对咖啡的热爱。李安导演的《色戒》中通过女主人公慢慢饮用咖啡的细节描绘出了整个场景的紧张感。柏西·艾德隆导演的《巴格达咖啡馆》中出现意式咖啡的场景。以上的诸多电影，都抓住了咖啡所特有的多重要素，并拍摄到电影当中，让大家开始联想各种情景。

10. 咖啡浴对皮肤好吗

咖啡特有的香气和油性成分可以起到美容和舒缓身心的效果。将咖啡直接放入浴池中或者把咖啡粉放入茶包后再放入浴池中，虽然喝咖啡具有提神醒脑的作用，可是放入浴池后具有香薰的效果。

11. 香醇的咖啡中融入了生产者的心酸……

英国纪录片《黑金》讲述了隐藏在咖啡中的埃塞俄比亚咖啡农夫们的故事。“如果一杯咖啡是 3 美元的话，农夫只能获得其中的 3%”，这是《黑金》的开场白。影片通过一个想要挽救生活在贫困中的咖啡生产者的年轻人，揭露了世界咖啡贸易的不公平问题。我们日常生活中享用的每一杯咖啡中都融入了劳动者心酸的人生。

12. 猴屎咖啡（Monkey Coffee）的两种类型

非洲有一种非常稀有的咖啡豆，是在猴子的排泄物中采集的。由于这种咖啡豆非常稀少，所以市面价也非常昂贵。此外中国台湾也有高价的猴屎咖啡。台湾的猴子用嘴咬破咖啡樱桃后会把里面的咖啡种子吐出来，这样的咖啡豆并不通过猴子的消化系统，所以并没有发酵。这两种咖啡豆都非常昂贵。

13. 种类繁多的咖啡饼干

摩卡面包或摩卡曲奇中都含有咖啡，这类饼干随处都可以购买。尽情地享受生活中的咖啡美食吧。

14. 如何成为咖啡专家

如果你的梦想是成为一名咖啡专家的话，可以通过取得公认的咖啡师资格证的方法实现梦想。首先要寻找通过认证的咖啡教育机构，再经过咖啡笔试考试，然后还要通过实际操作考试。

15. “咖啡节”

经过国际协商，咖啡节定为 10 月 1 日。由于 9 月是巴西采收咖啡豆收尾的时间，所以对于咖啡而言，10 月就意味着新一年的开始，于是将 10 月 1 日定为咖啡节。

16. 曾经出现过咖啡禁令

1511 年，麦加总督以“咖啡会让人变得堕落”为由颁布了禁止饮用咖啡的禁令，后来一位皇帝推翻了这一禁令。信仰基督教的国家曾认为咖啡是“撒旦的饮料”，但是 17 世纪教皇克莱门特八世为咖啡洗礼之后将咖啡定为基督教徒的饮料。

17. 最稀有的咖啡——麝香猫咖啡（Kopi Luwak）

印度尼西亚咖啡农场出现了一只喜爱吃成熟咖啡豆的麝香猫，但是它吃进去的咖啡种子并不会被消化掉，而是通过它的排泄物排出体外。将这些麝香猫排泄物中的咖啡豆收集起来清洁干净后进行烘焙，就是麝香猫咖啡。麝香猫会分泌出一种非常独特的香气，这也是麝香猫咖啡的特性。

麝香猫咖啡

4. 咖啡与健康

很多人都认为咖啡对人体是有害的，反过来觉得绿茶对人体是有益的。这是因为绿茶中含有的多酚具有抗氧化作用的事实已经被人们所熟知。但是如果你细细地了解咖啡会发现，咖啡中也含有很多对人体有益的成分，包括大量的多酚。现在咖啡品质提高了很多，购买咖啡也变得非常方便。全球的咖啡产量和消费量在不断地增长，咖啡与健康相关科学的研究也进行得越来越深入。现在了解一下喝咖啡对身体都有什么好处吧。

1. 提高注意力

咖啡因可以加强人体代谢活动，所以起到了提高注意力的作用，而且还能增加记忆力和预防阿尔茨海默病。

2. 醒酒

喝酒引起头痛的主要原因在于一种叫作乙醛的物质，而含有咖啡因的咖啡对此非常有效。而且咖啡还具有保护肝脏的作用，所以喝酒的人非常适合饮用咖啡。一天喝三杯以上的咖啡还能改善由于饮酒而引发的高血压的症状。

3. 提高运动能力，解除肌肉疲劳

咖啡中的咖啡因具有促进脂肪组织分解的作用，使脂肪转化成可以产生能量的糖分，所以能够延长运动消耗脂肪的作用。而且咖啡还具有利尿的作用，所以能够尽快地将积攒在肌肉中的有害物质全部排出体外。

4. 缓解高血压、低血压、心脏病的症状

一杯咖啡能起到两小时改善血液循环的作用，对于因为低血压早上很难起床的人们很有效。那么对于高血压病人有坏处吗？其实也并非如此。咖啡具有扩张毛细血管的作用，使血液流通更加顺畅，所以对于高血压病人而言咖啡具有降低血压的作用。荷兰的乌特勒支医大研究小组对 37514 名研究对象进行了长达 13 年的研究，他们发现每天喝 2~4 杯咖啡能使人得心脏病的概率比其他人低 20%。这是因为咖啡中的抗氧化成分能够减少引起心脏病的血管炎症。

5. 消除压力

咖啡具有的苦味和酸味可以减轻精神压力。通过观察大脑对咖啡粉、柠檬精油和蒸馏水这些物质的反应，发现脑电波对咖啡香的反应是最大的。咖啡可以促进让人心情愉快的脑激素的分泌，这种激素的名字叫作多巴胺，能够起到预防忧郁症的作用，让人喜欢欢笑。

6. 减重作用

咖啡能够促进自主神经的功能，起到提高脂肪代谢的作用。日本的国立医疗中心预防医学研究部曾举办“活用咖啡，快乐减重”节目，旨在帮助人们减轻体重、活化肌肉、降低胆固醇。

咖啡减重的重点

1. 空腹的时候享受咖啡香气（不要一口气喝完，要慢慢地享受咖啡的香味，不放砂糖）。
2. 睡前不要喝咖啡（由于咖啡有提神作用，会增加吃零食的机会）。
3. 饭后喝咖啡意味着不会再多吃其他食物。
4. 运动之前喝咖啡。
5. 咖啡并不是吃零食时饮用的饮料，而是为了让人享受其独特香气和口感的同时，身心得到放松。

7. 预防糖尿病

不规律的饮食和运动不足等不良的生活习惯引发的糖尿病，是现在的一种常见疾病。目前世界各地的研究报告都表明，咖啡对糖尿病具有预防作用，咖啡中的绿原酸可以改善血糖值，降低糖尿病的发病率。在荷兰，医学工作者以 17000 多名男女为研究对象进行了 7 年的追踪调查，结果显示，一天喝 7 杯以上咖啡的人比一天喝不到 2 杯咖啡的人得糖尿病的概率降低了一半。芬兰（公共卫生研究所）的研究表明，每天喝 3~4 杯咖啡的人比不喝咖啡的人得糖尿病的概率降低了很多，女性降低了 29%，男性降低了 27%。

This Simplified Chinese edition was published by Henan Science & Technology Press in 2013 by arrangement with OPEN SCIENCE & OPEN WORLD through Imprima Korea Agency & Qiantaiyang Cultural Development（Beijing）Co., Ltd.

著作权合同登记号：图字16—2012—101

图书在版编目（CIP）数据

最好的咖啡时光：最全面的咖啡品鉴小百科/（韩）河宝淑,（韩）赵美罗著；千太阳译.—郑州：河南科学技术出版社，2014. 1（2019. 4 重印）
ISBN 978-7-5349-6619-4

Ⅰ.①最… Ⅱ.①河… ②赵… ③千… Ⅲ.①咖啡—普及读物 Ⅳ.①TS273-49

中国版本图书馆CIP数据核字（2013）第237038号

出版发行：河南科学技术出版社
地址：郑州市郑东新区祥盛街 27 号　邮编：450016
电话：（0371）65737028　65788613
网址：www.hnstp.cn
策划编辑：刘　欣
责任编辑：葛鹏程
责任校对：张小玲
封面设计：张　伟
责任印制：张艳芳
印　　刷：北京盛通印刷股份有限公司
经　　销：全国新华书店
幅面尺寸：170 mm × 240 mm　印张：13.5　字数：300千字
版　　次：2014年1月第1版　2019年4月第7次印刷
定　　价：46.00元
